Forschungsberichte · Band 10

**Berichte aus dem
Institut für Werkzeugmaschinen
und Betriebswissenschaften
der Technischen Universität München**

Herausgeber: Prof. Dr.-Ing. J. Milberg

Norbert Reithofer

Nutzungssicherung von flexibel automatisierten Produktionsanlagen

Mit 84 Abbildungen

Springer-Verlag
Berlin Heidelberg New York Tokyo 1987

Dipl.-Ing. Norbert Reithofer
Institut für Werkzeugmaschinen und Betriebswissenschaften (iwb), München

Dr.-Ing. J. Milberg
o. Professor an der Technischen Universität München
Institut für Werkzeugmaschinen und Betriebswissenschaften (iwb), München

D 91

ISBN-13: 978-3-540-18440-9 e-ISBN-13: 978-3-642-73048-1
DOI: 10.1007/978-3-642-73048-1

Das Werk ist urheberrechtlich geschützt. Die dadurch begründeten Rechte, insbesondere die der Übersetzung, des Nachdrucks, der Entnahme von Abbildungen, der Funksendung, der Wiedergabe auf photomechanischem oder ähnlichem Wege und der Speicherung in Datenverarbeitungsanlagen bleiben, auch bei nur auszugsweiser Verwendung, vorbehalten. Die Vergütungsansprüche des § 54, Abs. 2 UrhG werden durch die „Verwertungsgesellschaft Wort", München, wahrgenommen.
© Springer-Verlag, Berlin, Heidelberg 1987

Die Wiedergabe von Gebrauchsnamen, Handelsnamen, Warenbezeichnungen usw. in diesem Werk berechtigt auch ohne besondere Kennzeichnung nicht zu der Annahme, daß solche Namen im Sinne der Warenzeichen- oder Markenschutz-Gesetzgebung als frei zu betrachten wären und daher von jedermann benutzt werden dürften.
Gesamtherstellung: Hieronymus Buchreproduktions GmbH, München
2362/3020-543210

Geleitwort des Herausgebers

Die Verbesserung der Fertigungsmaschinen, der Fertigungsverfahren und der Fertigungsorganisation zur Steigerung der Produktivität und Verringerung der Fertigungskosten ist eine ständige Aufgabe der Produktionstechnik. Die Situation in der Produktionstechnik ist durch abnehmende Fertigungslosgrößen und zunehmende Personalkosten sowie durch eine unzureichende Nutzung der Produktionsanlagen geprägt. Neben den Forderungen nach einer Verbesserung der Mengenleistung und der Arbeitsgenauigkeit gewinnt die Steigerung der Flexibilität von Fertigungsmaschinen und Fertigungsabläufen immer mehr an Bedeutung. In zunehmendem Maße werden Programme, Einrichtungen und Anlagen für rechnergestützte und flexibel automatisierte Produktionsabläufe entwickelt.

Ziel der Forschungsarbeiten am Institut für Werkzeugmaschinen und Betriebswissenschaften der Technischen Universität München (iwb) ist die weitere Verbesserung der Fertigungsmittel und Fertigungsverfahren im Hinblick auf eine Optimierung der Arbeitsgenauigkeit und Mengenleistung der Fertigungssysteme. Dabei stehen Fragen der anforderungsgerechten Maschinenauslegung sowie der optimalen Prozeßführung im Vordergrund. Ein weiterer Schwerpunkt ist die Entwicklung fortgeschrittener Produktionsstrukturen und die Erarbeitung von Konzepten für die Automatisierung des Auftragsdurchlaufs. Das Ziel ist eine Integration der technischen Auftragsabwicklung von der Konstruktion bis zur Montage.

Die im Rahmen dieser Buchreihe erscheinenden Bände stammen thematisch aus den Forschungsbereichen des iwb: Fertigungsverfahren, Werkzeugmaschinen, Fertigungsautomatisierung und Montageautomatisierung. In ihnen werden neue Ergebnisse und Erkenntnisse aus der praxisnahen Forschung des iwb veröffentlicht. Diese Buchreihe soll dazu beitragen, den Wissenstransfer zwischen dem Hochschulbereich und dem Anwender in der Praxis zu verbessern.

Joachim Milberg

Vorwort

Die vorliegende Dissertation entstand während meiner Tätigkeit als wissenschaftlicher Mitarbeiter am Institut für Werkzeugmaschinen und Betriebswissenschaften der Technischen Universität München.

Die Dissertation enthält Ergebnisse aus einem Forschungsvorhaben, das im Rahmen der industriellen Gemeinschaftsforschung aus Mitteln des BMWi gefördert wurde.

Herrn Prof. Dr.-Ing. J. Milberg, dem Leiter dieses Instituts, gilt mein besonderer Dank für die Anregungen sowie für seine wohlwollende Unterstützung und großzügige Förderung, die zum Gelingen dieser Arbeit entscheidend beigetragen haben.

Herrn Prof. Dr.-Ing. K. Ehrlenspiel, dem Inhaber des Lehrstuhls für Konstruktion im Maschinenbau der Technischen Universität München, danke ich für die kritische Durchsicht der Arbeit und die sich daraus ergebenden wertvollen Hinweise.

Ebenso möchte ich mich bei allen Firmen bedanken, die mir Daten für meine Untersuchungen zur Verfügung gestellt haben - insbesondere bei den Firmen, die im VDW-Arbeitskreis "Qualität und Zuverlässigkeit" vertreten waren.

Schließlich möchte ich mich noch bei allen Mitarbeiterinnen und Mitarbeitern des Instituts sowie bei allen Studenten, die mich bei der Erstellung der Arbeit unterstützt haben, recht herzlich bedanken.

Penzberg, im Juli 1987　　　　　　　　　　　　　　　　Norbert Reithofer

Inhaltsverzeichnis

		Seite
1	Einleitung	1
1.1	Ausgangssituation	1
1.2	Zielsetzung	2
2	Theorie der Zuverlässigkeit und Verfügbarkeit technischer Systeme	3
2.1	Vorbemerkung	3
2.2	Zuverlässigkeit	3
2.2.1	Begriffe und Definitionen	3
2.2.2	Mathematische Beschreibung der Zuverlässigkeit	5
2.2.3	Zuverlässigkeit von Fertigungssystemen	8
2.3	Instandsetzbarkeit	9
2.3.1	Begriffe und Definitionen	9
2.3.2	Mathematische Beschreibung der Instandsetzbarkeit	10
2.3.3	Instandsetzbarkeit von Fertigungssystemen	12
2.4	Verfügbarkeit	12
2.4.1	Begriffe und Definitionen	12
2.4.2	Mathematische Beschreibung der Verfügbarkeit	13
3	Verfügbarkeitsmodelle	15
3.1	Vorbemerkungen	15
3.2	Verfügbarkeit der logischen Serienschaltung	15
3.2.1	Verfügbarkeit der logischen Serienschaltung von zwei Komponenten	15
3.2.1.1	Allgemeine Ableitung mit Hilfe eines Markoff-Modells	15
3.2.1.2	Sonderfälle	20
3.2.2	Verfügbarkeit der logischen Serienschaltung von n Komponenten	25
3.2.2.1	Verfügbarkeit der logischen Serienschaltung von n Komponenten, die jeweils nur ausfallen können, wenn das System intakt ist	25
3.2.2.2	Verfügbarkeit der logischen Serienschaltung von n Komponenten, die voneinander unabhängig sind	29
3.2.2.3	Verfügbarkeit der logischen Serienschaltung von n Komponenten, die die Sonderfälle 1, 2 und 3 beinhaltet	30

3.3	Verfügbarkeit der logischen Parallelschaltung	34
3.3.1	Vorbemerkungen	34
3.3.2	Verfügbarkeit der kalten Redundanz von zwei Komponenten	34
3.3.2.1	Allgemeine Ableitung mit Hilfe eines Markoff-Modells	34
3.3.2.2	Sonderfälle	36
3.3.3	Verfügbarkeit der heißen Redundanz	39
3.4	Anwendungsbeispiel zur Berechnung der Gesamtverfügbarkeit eines Fertigungssystems ohne Zwischenlager	39
3.5	Verfügbarkeit von Linienfertigungssystemen mit Zwischenlagern	43
3.5.1	Vorbemerkungen	43
3.5.2	Verfügbarkeit eines Fertigungssystems aus zwei Stationen in Serie mit Zwischenlager	44
3.5.3	Verfügbarkeit eines Fertigungssystems aus n Stationen in Serie mit Zwischenlagern	46
3.5.3.1	Einführung	46
3.5.3.2	Näherungsbetrachtung unter der Annahme des gleichen relativen Gewinns	49
4	Praktische Berechnungsmethoden mit zeitbezogenen Kennwerten	54
4.1	Analyse der Ablaufabschnitte	54
4.1.1	Vorbemerkungen	54
4.1.2	Ablaufabschnitte nach REFA	54
4.1.2.1	Grobe Gliederung der Ablaufabschnitte	54
4.1.2.2	Detaillierte Gliederung der Ablaufabschnitte	55
4.1.3	Ablaufabschnitte nach VDI-Richtlinie 3423	57
4.1.4	Ablaufabschnitte im Rahmen von Verfügbarkeitsbetrachtungen	58
4.2	Verfügbarkeitsberechnungen	61
4.2.1	Verfügbarkeitskennwerte nach VDI-Richtlinie 3423	61
4.2.1.1	Technische Ausfallrate	61
4.2.1.2	Organisatorische Ausfallrate	61
4.2.2	Verfügbarkeitsberechnungen mit zeitbezogenen Kennwerten	62

5	Darstellung von Untersuchungsergebnissen aus der industriellen Praxis	66
5.1	Vorbemerkungen	66
5.2	Maschinenauswahl	66
5.3	Ergebnisse der "Postprozess-Störungsaufnahmen"	67
5.3.1	Einfluß der Maschinenkomplexität	67
5.3.2	Ausgefallene Baugruppen und -elemente sowie ihre Ausfallursachen	85
5.3.3	Einlaufverhalten und Quantifizierung vertraglicher Forderungen	114
5.3.4	Einfluß von einsatzbezogenen Faktoren	119
5.4	Ergebnisse der Zeitaufnahmen	128
6	EDV-gestützte Stördatenerfassung und -auswertung	138
6.1	Vorbemerkungen	138
6.2	Ausgangssituation	138
6.3	Zielsetzung	139
6.4	Wirtschaftliche Notwendigkeit	140
6.5	Einführung eines EDV-Systems	141
6.6	Abzuspeichernde Daten	144
6.7	Leistungsumfang und Aufgabenabgrenzung von Programmsystemen zur Stördatenerfassung und -auswertung anhand von zwei Beispielen	147
6.7.1	Vorbemerkungen	147
6.7.2	Strukturbaumsystem	147
6.7.2.1	Programmaufbau des Strukturbaumsystems	147
6.7.2.2	Eigenschaften des Strukturbaumsystems	149
6.7.3	Fehlerbaumsystem	152
6.7.3.1	Fehlerbaum-Methode	152
6.7.3.2	Programmaufbau des Fehlerbaumsystems	158
6.7.3.3	Eigenschaften des Fehlerbaumsystems	160
6.7.3.4	Vergleich beider Systeme	163
6.8	Schließen von Informationslücken durch Programmsysteme zur Stördatenerfassung und -auswertung	164
7	Zusammenfassung und Ausblick	165
8	Schrifttum	169

Verwendete Formelzeichen:

P	Wahrscheinlichkeit
t	Zeit
Δt	kleines Zeitintervall
Q(t)	Ausfallverteilungsfunktion
R(t)	Zuverlässigkeitsfunktion
M(t)	Instandsetzbarkeitsfunktion
f(t)	Ausfalldichte
z(t)	Ausfallrate
z	Konstante Ausfallrate
m(t)	Instandsetzungsrate
m	Konstante Instandsetzungsrate
p	Konstante Ausfallwahrscheinlichkeit
r	Konstante Instandsetzungswahrscheinlichkeit
E(T)	Erwartungswert der Zufallsgröße T
MUT	Mittlere störungsfreie Betriebsdauer
MDT	Mittlere Stillstandszeit
V(t)	Augenblickliche Verfügbarkeit
V	Stationäre Verfügbarkeit
N	Zwischenlagerkapazität
G(N)	Relativer Verfügbarkeitsgewinn durch ein Zwischenlager mit der Lagerkapazität N
T_B	Planbelegungszeit (nach VDI 3423)
T_N	Nutzungszeit (nach VDI 3423)
T_{Ru}	Ruhezeit (nach VDI 3423)
T_W	Wartungszeit (nach VDI 3423)
T_I	Instandsetzungszeit (nach VDI 3423) bzw. technische Stillstandszeit infolge von Anlagenstörungen
T_{VI}	Technische Stillstandszeit infolge von vorbeugender Instandhaltung
T_P	Technische Stillstandszeit infolge von Fertigungsprozeßstörungen
T_O	Organisatorische Stillstandszeit

A_T	Technische Ausfallrate (nach VDI 3423)
A_O	Organisatorische Ausfallrate (nach VDI 3423)
V_I	Innere technische Verfügbarkeit
V_{I+VI}	Eingeprägte technische Verfügbarkeit
V_{I+VI+P}	Äußere technische Verfügbarkeit
V_O	Organisatorische Verfügbarkeit
NG	Nutzungsgrad

Mathematische Operatoren

INT	Integral
PR	Reihenprodukt
SU	Reihensumme
lim	Grenzwert
e^x	Exponentialfunktion

1 Einleitung

1.1 Ausgangssituation

In einem hochindustrialisierten Land ohne größere Rohstoffvorkommen wie der Bundesrepublik Deutschland sind die Erhaltung und der Ausbau einer Spitzenstellung auf dem Gebiet der Produktionstechnik eine der wichtigsten Voraussetzungen für die internationale Wettbewerbsfähigkeit der Unternehmen.

Bisher standen Maßnahmen zur Steigerung von Mengenleistung und Arbeitsgenauigkeit der Fertigungseinrichtungen im Vordergrund; die heutige Situation in der Produktionstechnik ist aber durch abnehmende Fertigungslosgrößen und zunehmende Personalkosten sowie durch eine unzureichende Nutzung der Produktionsanlagen geprägt /1/.

Für den Trend zu abnehmenden Fertigungslosgrößen sind im wesentlichen die folgenden Gründe verantwortlich /2/, /3/, /4/:
- Der wachsende Konkurrenzdruck verkürzt den Entstehungszyklus eines neuen Produktes. Gleichzeitig schrumpft der Zeitraum, in dem das neue Produkt profitabel verkauft werden kann.
- Eine wachsende Vielfalt von Kundenwünschen und oft genug auch von gesetzlichen Vorschriften der Abnehmerländer führen zu einer größeren Variantenvielfalt der einzelnen Produkte.

Deshalb gewinnt neben den Forderungen nach verbesserter Mengenleistung und Arbeitsgenauigkeit ein vermehrter Einsatz von flexibler Automatisierung, die ein schnelles Anpassen der Fertigung an geänderte Bearbeitungsaufgaben möglich macht, immer mehr an Bedeutung. Seit 1980 steigerte die Bundesrepublik, nach Angaben der Prognos AG, ihre Produktion von computergesteuerten Dreh-, Bohr- und Fräsmaschinen um mehr als 200 %. Dabei ist es längst nicht mehr damit getan, einzelne Maschinen am Markt anzubieten. Vielmehr geht es inzwischen um komplette flexible Fertigungssysteme, die sämtliche Funktionen, angefangen bei der Beschickung mit Werkstücken über den automatischen Werkzeugwechsel bis hin zu Meß- und Überwachungsvorgängen, integrieren.

Da für die Anschaffung von solchen komplexen Fertigungsmitteln ein hoher Kapitaleinsatz erforderlich ist, muß eine hohe zeitliche Nutzung angestrebt werden. Dieser Forderung steht derzeit eine tendenziell sinkende technische Verfügbarkeit entgegen, die sich als Folge der steigenden Anlagenkomplexität ergibt /5/.

1.2 Zielsetzung

Aufgrund der in Abschnitt 1.1 dargestellten Ausgangssituation werden im Rahmen dieser Arbeit Ansatzpunkte für die flexible Automatisierung mit verbesserter Verfügbarkeit gesucht. Deshalb werden Berechnungsgrundlagen, Modelle und Programmsysteme zur EDV-gestützten Ausfalldatenerfassung und -auswertung erarbeitet. Außerdem wird eine breitgestreute Informationsbasis angelegt, aus der die Ausfallursachen und ihre statistische Verteilung sowie die Funktionszusammenhänge zwischen der Verfügbarkeit und äußeren Einflüssen abgeleitet werden können (Bild 1).

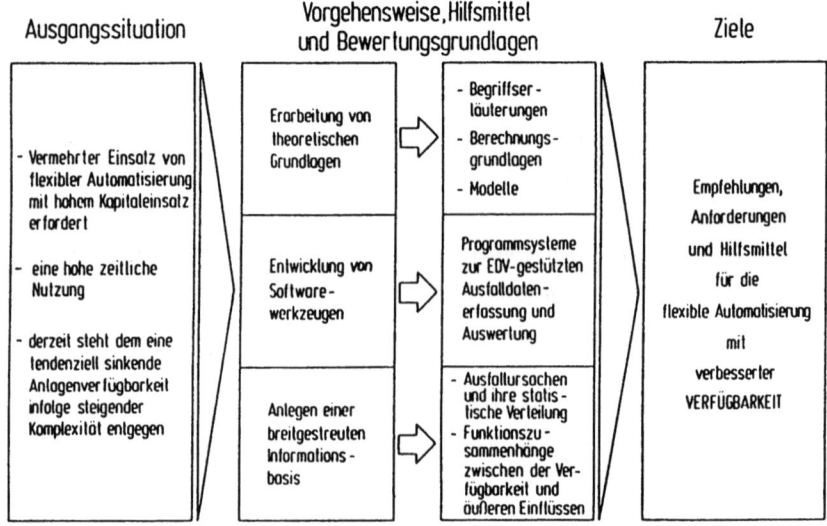

Bild 1: Durchführung und Ziele der Arbeit

2 Theorie der Zuverlässigkeit und Verfügbarkeit technischer Systeme

2.1 Vorbemerkung

In diesem Kapitel erfolgt eine Einführung in die Theorie der Zuverlässigkeit und Verfügbarkeit technischer Systeme, in der, ausgehend von den Grundlagen der Wahrscheinlichkeitsrechnung, die benötigten Begriffe im Bereich Zuverlässigkeit, Instandsetzbarkeit und Verfügbarkeit erläutert werden.

2.2 Zuverlässigkeit

2.2.1 Begriffe und Definitionen

Der Begriff Qualität ist jedermann aus dem täglichen Leben geläufig (Das Wort Qualität läßt sich mit "Beschaffenheit" übersetzen; ein Erzeugnis mit guter Qualität hat eine gute Beschaffenheit. Ein "Qualitätserzeugnis" ist dadurch gekennzeichnet, daß seine Eigenschaften merklich über den Mindestanforderungen liegen.). Jeder weiß, daß sich gleichartige Gegenstände von verschiedenen Herstellern hinsichtlich ihrer Qualität unterscheiden. Qualitätsunterschiede entstehen aufgrund unterschiedlicher Ausgangsmaterialien, Herstellungsverfahren, Sorgfalt während der Herstellung u.ä. Der Qualitätsbegriff ist bei einfachen Gegenständen ausreichend, um die Güte eines Produktes zu beschreiben. Bei komplizierten technischen Systemen genügt er allein jedoch nicht mehr /6/. Die Schwierigkeiten bei komplexen technischen Systemen beruhen nicht nur auf mangelhafter Herstellungsqualität oder auf Konstruktionsmängeln, sondern auch auf der Vielzahl von Fehlermöglichkeiten, die sich aus dem Zusammenwirken von zahlreichen Komponenten ergeben. Deshalb wurde für technische Systeme neben der Qualität des konstruktiven Entwurfes und der Qualität der Herstellung (nach /7/ die beiden Qualitätskomponenten) die Zuverlässigkeit als zusätzliches Merkmal eingeführt. In der DIN 40041 /8/ und 40042 /9/ wird für Zuverlässigkeit folgende Definition angegeben: Zuverlässigkeit ist die Fähigkeit einer Betrachtungseinheit, innerhalb der vorgegebenen Grenzen denjenigen durch den Verwendungszweck bedingten Anforderungen zu genügen, die an das Verhalten ihrer Eigenschaften während einer gegebenen Zeitdauer gestellt sind. Diese Definition gilt nicht nur für Bauelemente, sondern auch für höhere Betrachtungseinheiten (z.B. Fertigungssysteme) /8/. Sie bezieht die Zuverlässigkeit auf die Fähigkeit einer Betrachtungseinheit während einer gegebenen Zeitdauer eine Aufgabe zu erfüllen. Außerdem wird berücksichtigt, daß es keine Zuverlässigkeit an sich gibt, sondern nur im Zusammenhang mit vorgegebenen Ausfallkriterien. Das bedeutet, daß man Zuverlässigkeitsaussagen streng genommen erst treffen kann, wenn der Einsatz spezifiziert ist /6/.

Eine andere Definition ist in /6/ angegeben: Zuverlässigkeit ist die Wahrscheinlichkeit dafür, daß eine Betrachtungseinheit während einer definierten Zeitdauer unter angegeben Funktions- und Umgebungsbedingungen nicht ausfällt. In /10/ wird eine ähnliche Definition angegeben: Die Zuverlässigkeit eines Systems zu einem bestimmten Zeitpunkt ist die Wahrscheinlichkeit dafür, daß das System bei definierter Beanspruchung bis zu diesem Zeitpunkt ohne Unterbrechung funktionstüchtig ist. Nach den beiden zuletzt genannten Definitionen ist Zuverlässigkeit eine Überlebenswahrscheinlichkeit, die sich auf ein bestimmtes Zeitintervall bezieht. Wenn im folgenden von der Zuverlässigkeit einer bestimmten Betrachtungseinheit gesprochen wird, dann wird unter diesem Begriff immer ihre Überlebenswahrscheinlichkeit innerhalb eines bestimmten Zeitraumes verstanden. Für den oben gebrauchten Begriff Ausfall wird in /6/ folgende Definition angegeben: Bestätigte Beanstandung, die zum Zeitpunkt der Feststellung eine Beeinträchtigung der Funktion oder die Beendigung jeglicher Funktion der Betrachtungseinheit verursacht hat. Fehler ist nach /6/ ein Synonym für Ausfall. Eine Störung ist nach /6/ jegliches bestätigte abnorme Verhalten einer Betrachtungseinheit, das einen nicht planbaren Instandhaltungsvorgang zur Folge hat. Eine Störung muß im Gegensatz zu einem Ausfall keine spürbaren Funktionsbeeinträchtigungen der Betrachtungseinheit zur Folge haben. In der Praxis werden die Begriffe Ausfall und Störung häufig synonym verwendet /11/. Davon wird auch im Rahmen dieser Arbeit gebrauch gemacht.

2.2.2 Mathematische Beschreibung der Zuverlässigkeit

Aus den angegebenen Definitionen läßt sich ersehen, daß der Ausfall technischer Systeme als zufallsbedingt betrachtet wird. Um die Zeitabhängigkeit der Zuverlässigkeit darstellen zu können, wird in /6/ und /10/ die Zufallsgröße T als die Zeit definiert, die vom Zeitpunkt 0, an dem eine Betrachtungseinheit intakt ist, bis zum Ausfall vergeht. Der Zufallsgröße T läßt sich eine Wahrscheinlichkeit

$$Q(t) = P(T \leq t) \qquad (Gl.1)$$

zuordnen. Q(t) ist die Wahrscheinlichkeit, daß die bis zum Ausfall der Betrachtungseinheit, welche zum Zeitpunkt 0 intakt ist, vergehende Zeit T kleiner oder gleich einem vorgegebenen Wert t ist. Q(t) wird als Ausfallverteilungsfunktion bezeichnet /6/. Es läßt sich auch eine Funktion aufstellen, die angibt, mit welcher Wahrscheinlichkeit die Betrachtungseinheit länger als die Zeit t intakt ist, also

$$R(t) = P(T > t). \qquad (Gl.2)$$

Diese Funktion wird Zuverlässigkeitsfunktion R(t) genannt /6/. Die Zuverlässigkeitsfunktion R(t) und die Ausfallverteilungsfunktion Q(t) sind nach /6/ durch die Beziehung

$$R(t) + Q(t) = 1 \qquad (Gl.3)$$

miteinander verknüpft. Ist T stetig verteilt, d.h. besitzt Q(t) eine Dichte

$$f(t) = \frac{dQ(t)}{dt}, \qquad (Gl.4)$$

so gilt $f(t)dt = dQ(t) = Q(t + dt) - Q(t) = P(t < T \leq t + dt) = - dR(t)$. Für die Wahrscheinlichkeit, daß eine Betrachtungseinheit im Intervall (t, t + dt) ausfällt, unter der Bedingung, daß sie nicht schon vorher ausgefallen ist, erhält man nach den Rechenregeln für die bedingte Wahrscheinlichkeit

$$\frac{P(t < T \leq t + dt)}{P(T > t)} = \frac{f(t)dt}{R(t)} = \frac{-dR(t)}{dt} * \frac{1}{R(t)} dt.$$

Der Quotient

$$z(t) = \frac{-dR(t)}{dt} * \frac{1}{R(t)} \qquad (Gl.5)$$

heißt Ausfallrate /6/, /10/. Die Ausfallrate z(t) gibt die Wahrscheinlichkeit an, daß im Intervall (t, t + dt) ein Ausfall der Betrachtungseinheit stattfindet, unter der Bedingung, daß sie nicht schon vorher ausgefallen ist. Deshalb kann sie als eine auf ein Zeitintervall bezogene Wahrscheinlichkeit gedeutet werden. Die Beziehung für z(t) stellt eine Differentialgleichung dar, die nach /6/ folgende Lösung besitzt:

$$R(t) = e^{-INT_0^t (z(a)da)} \qquad (Gl.6)$$

Bei der Angabe der Lösung wurde die Anfangsbedingung R(t = 0) = 1 berücksichtigt, denn zum Zeitpunkt t = 0 ist die Betrachtungseinheit nach Voraussetzung intakt. Im Fall einer konstanten Ausfallrate z = konst. erhält man nach /6/ für die Zuverlässigkeitsfunktion

$$R(t) = e^{-z * t} \qquad (Gl.7)$$

und damit für die Ausfallverteilungsfunktion (Bild 2)

$$Q(t) = 1 - e^{-z * t}. \qquad (Gl.8)$$

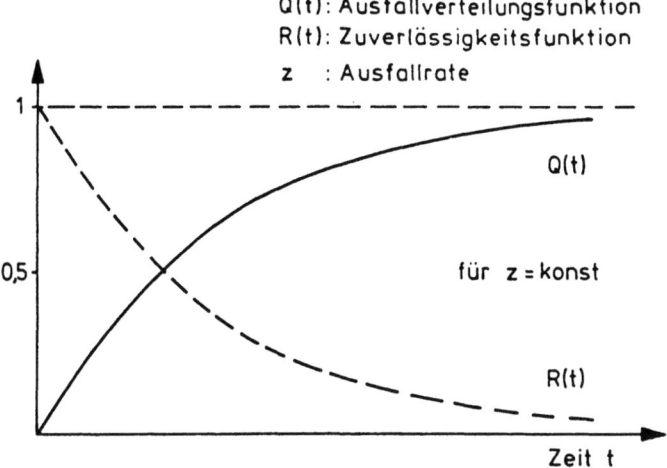

Bild 2: Ausfallverteilungs- und Zuverlässigkeitsfunktion /6/

Die Funktion $1 - e^{-z*t}$ wird als Exponentialverteilung bezeichnet /6/, /12/. Wird die Exponentialverteilung auf das Ausfallverhalten technischer Systeme angewendet, so werden die in der Praxis zu beobachtenden Früh- und Verschleißausfälle nicht berücksichtigt. Bei Annahme der Exponentialverteilung wird eine Betrachtungseinheit im Laufe der Zeit weder "besser" noch "schlechter" (Eigenschaft der Gedächtnislosigkeit /10/). Betrachtet man ein Fertigungsmittel mit exponentialverteiltem Ausfall, so beträgt die Wahrscheinlichkeit, daß es nach zwei Schichten noch läuft beispielsweise 80 %. Trifft man das Fertigungsmittel beim Einschaltvorgang zu Beginn der nächsten zwei Schichten wieder im intakten Zustand an, kann die Frage nach der Wahrscheinlichkeit, daß die Einheit die nächsten zwei Schichten nicht ausfällt, wieder gestellt werden. Diese Wahrscheinlichkeit ist nun keinesfalls geringer, sondern wegen der konstanten Ausfallrate wieder gleich 80 %. Das bedeutet, daß es beim Vorliegen einer konstanten Ausfallrate lediglich auf die Länge des Betrachtungszeitraumes, nicht aber auf seine Lage ankommt. Nur bei einer zeitabhängigen Ausfallrate hängt die Zuverlässigkeit von der akkumulierten Betriebszeit ab und kann nicht mehr mit Hilfe von (Gl.7) berechnet werden. Bei bekannter Ausfallverteilungsfunktion Q(t) kann der Erwartungswert E(T) berechnet werden. Da E(T) im allgemeinen die im Mittel vergehende Betriebszeit zwischen dem Beanspruchungsbeginn und dem Ausfall angibt, wird dieser Erwartungswert auch mittlere störungsfreie Betriebsdauer, mean time between failures ($MTBF_I$) oder mean up time (MUT_I) genannt (Index I: Es werden nur Ausfälle aufgrund von Anlagenstörungen betrachtet, die nicht planbare Instandsetzungsvorgänge zur Folge haben) /13/. Handelt es sich um nicht instandsetzbare Einheiten, dann wird diese Konstante mittlere Lebensdauer genannt /6/. Es gilt nach /6/:

$$E(T) = \int_0^\infty t*f(t)dt \, . \qquad (Gl.9)$$

Bei konstanter Ausfallrate ergibt sich nach /6/ und /14/

$$E(T) = \frac{1}{z} \, . \qquad (Gl.10)$$

Liegt eine konstante Ausfallrate vor, und nur dann, beschreibt der Erwartungswert E(T) die Zuverlässigkeit einer Betrachtungseinheit in ebenso eindeutiger Weise wie ihre Ausfallrate z /6/.

2.2.3 Zuverlässigkeit von Fertigungssystemen

Nach /15/ darf bei Fertigungssystemen für einen großen Teil ihres Betriebsalters annähernd eine konstante Ausfallrate angenommen werden, da bei den meisten technischen Systemen die über dem Betriebsalter aufgetragene Ausfallrate einen wannenförmigen Verlauf (Bild 3) /6/, /16/ hat. An ein Intervall abnehmender Ausfallrate (Frühausfälle) schließt sich ein Intervall konstanter Ausfallrate an. Am Ende des Betriebsalters von Betrachtungseinheiten nimmt die Ausfallrate normalerweise wieder zu (Verschleißausfälle). Im Bereich der konstanten Ausfallrate (exponentialverteilter Ausfall) befindet man sich in der sogenannten Nutzungsphase, die für Fertigungssysteme ja im Normalfall angestrebt wird. Das häufige Zutreffen der Hypothese des exponentialverteilten Ausfalls (konstante Ausfallrate) wurde schon von Davis (1952) in einer empirischen Studie /17/ belegt, in der er verschiedenartigste Anlagen untersucht hat. Im folgenden wird deshalb nur der Bereich mit konstanter Ausfallrate betrachtet.

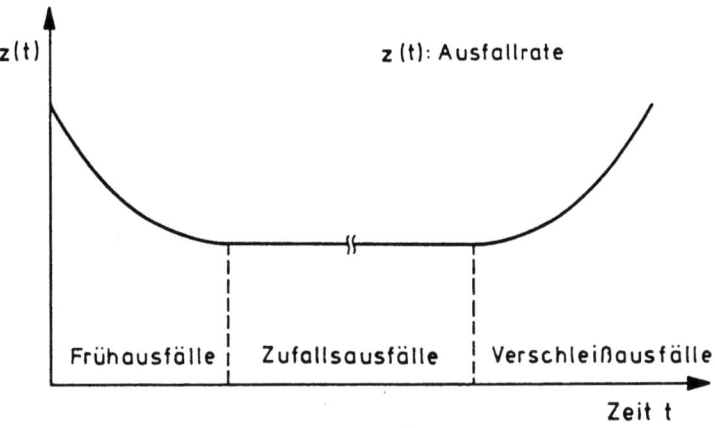

Bild 3: Zusammenhang zwischen Ausfallrate und Betriebsalter /6/

2.3 Instandsetzbarkeit

2.3.1 Begriffe und Definitionen

Zuverlässigkeitsarbeit dient dem Ziel, die Wahrscheinlichkeit von Ausfällen zu einer kalkulierbaren und beeinflußbaren Kenngröße technischer Systeme zu machen /6/. Da jedoch eine absolute Zuverlässigkeit nicht erreichbar ist, ist die Instandhaltung, sei sie vorbeugend oder störungsbedingt, eine Notwendigkeit. Die Instandhaltung wird nach DIN 31051 /18/ definiert als Gesamtheit der Maßnahmen zur Bewahrung und Wiederherstellung des Sollzustandes sowie zur Festlegung und Beurteilung des Istzustandes von Betrachtungseinheiten. Im folgenden werden nur die Instandhaltungsvorgänge betrachtet, die zur Behebung von Ausfällen bzw. Störungen notwendig sind. Diese Instandhaltungsvorgänge werden Instandsetzungen genannt und nach DIN 31051 als Maßnahmen zur Wiederherstellung des Sollzustandes von technischen Mitteln eines Systems definiert. Für die Instandsetzbarkeit (in /6/ wird der Begriff Wartbarkeit gebraucht) wird in /6/ folgende Definition angegeben: Instandsetzbarkeit ist die Wahrscheinlichkeit, daß eine bestimmte Instandsetzungsarbeit unter spezifizierten Bedingungen innerhalb einer bestimmten Zeit erfolgreich abgeschlossen wird.

2.3.2 Mathematische Beschreibung der Instandsetzbarkeit

Ursachen und Folgen eines Ausfalls werden als zufallsabhängig betrachtet. Damit ist auch die Zeit, die zur Instandsetzung benötigt wird, zufallsabhängig wie die Zeit, die bis zum Ausfall einer intakten Betrachtungseinheit vergeht, zufallsabhängig ist. Die zur Instandsetzung einer ausgefallenen Betrachtungseinheit benötigte Zeit wird Instandsetzungs- oder Reparaturdauer genannt und kann als Zufallsgröße T_R aufgefaßt werden. Analog zur Ausfallverteilungsfunktion Q(t) kann eine Instandsetzbarkeitsfunktion (in /6/ wird der Begriff Wartbarkeitsfunktion gebraucht) M(t) aufgestellt werden /6/. Für M(t) gilt:

$$M(t) = P(T_R \leq t). \qquad (Gl.11)$$

M(t) stellt ebenfalls eine Verteilungsfunktion dar und gibt die Wahrscheinlichkeit an, daß die Zeit T_R, die vom Zeitpunkt 0 (Betrachtungseinheit nicht intakt) bis zur Rückkehr in den intakten Zustand vergeht kleiner oder gleich einem vorgegebenen Wert t ist. Analog zur Ausfallrate z(t) läßt sich eine Instandsetzungsrate m(t) definieren. Für m(t) gilt nach /6/:

$$m(t) = \frac{dM(t)}{dt} * \frac{1}{1 - M(t)} . \qquad (Gl.12)$$

Die Instandsetzungsrate gibt die Wahrscheinlichkeit an, daß die Instandsetzung einer Betrachtungseinheit im Intervall (t, t + dt) beendet wird, unter der Bedingung, daß sie nicht schon vorher beendet ist. Deshalb ist sie wie die Ausfallrate z(t) eine auf ein Zeitintervall bezogene Wahrscheinlichkeit. Im Fall einer konstanten Instandsetzungsrate m = konst. erhält man nach /6/

$$M(t) = 1 - e^{-m*t},\qquad (Gl.13)$$

also eine Exponentialverteilung (Bild 4). Analog zur mittleren störungsfreien Betriebsdauer kann der Erwartungswert der Zufallsgröße T_R berechnet werden. Der Erwartungswert $E(T_R)$ wird mittlere Instandsetzungsdauer, mittlere Reparaturdauer, mean time to repair ($MTTR_I$) oder mean down time (MDT_I) genannt /13/. Es gilt nach /6/:

$$E(T_R) = \int_0^\infty t * \frac{dM(t)}{dt} dt \qquad (Gl.14)$$

Bei konstanter Instandsetzungsrate ergibt sich nach /6/

$$E(T_R) = \frac{1}{m}. \qquad (Gl.15)$$

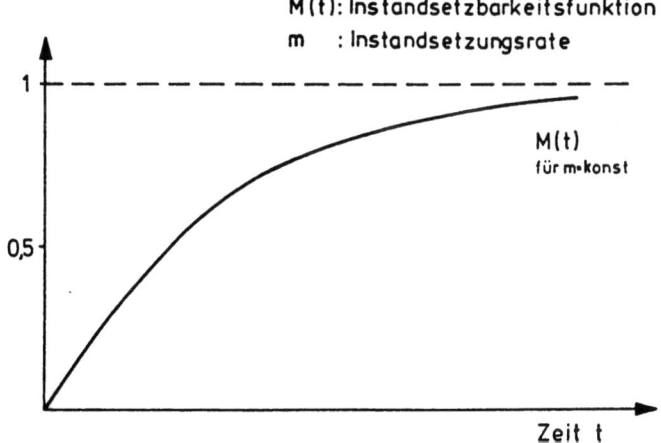

Bild 4: Instandsetzbarkeitsfunktion /6/

2.3.3 Instandsetzbarkeit von Fertigungssystemen

Für die mathematische Darstellung des Verhaltens von Fertigungssystemen ist eine konstante Instandsetzungsrate von großem Vorteil. Nach /15/ ist diese Annahme bei Fertigungsanlagen nach Anlaufzeiten meist einigermaßen erfüllt. Wegen der Vereinfachung der analytischen Überlegungen wird deshalb im folgenden eine konstante Instandsetzungsrate vorausgesetzt.

2.4 Verfügbarkeit
2.4.1 Begriffe und Definitionen

Für Betrachtungseinheiten, die nicht nur ausfallen können, sondern auch instandsetzbar sind, wird die Verfügbarkeit als zusätzliche Beurteilungsgröße eingeführt /6/, /12/, /19/, /20/.

In /21/ werden folgende Fälle der Verfügbarkeit unterschieden:
- Augenblickliche (instationäre) Verfügbarkeit
  Wahrscheinlichkeit dafür, daß sich eine Betrachtungseinheit in einem vorgegebenen Zeitpunkt als arbeitsfähig erweist.
- Mittlere Verfügbarkeit
  Über ein vorgegebenes Zeitintervall gebildeter Mittelwert der augenblicklichen (instationären) Verfügbarkeit. Die mittlere Verfügbarkeit ist der Erwartungswert des Zeitanteils innerhalb eines Zeitintervalls, während dessen sich eine Betrachtungseinheit im Zustand der Arbeitsfähigkeit befindet.
- (Stationäre) Verfügbarkeit (Dauerverfügbarkeit)
  Wahrscheinlichkeit dafür, daß sich eine Betrachtungseinheit zu einem willkürlich gewählten Zeitpunkt während des eingeschwungenen Betriebsablaufes als arbeitsfähig erweist. Die Dauerverfügbarkeit kann auch als Zeitanteil definiert werden, während dessen sich eine Betrachtungseinheit bei eingeschwungenem (stationärem) Betriebsablauf im arbeitsfähigen Zustand befindet. Damit stellt

die Dauerverfügbarkeit einen Grenzwert dar, zu dem sowohl die augenblickliche als auch die mittlere Verfügbarkeit bei Vergrößerung des betrachteten Zeitintervalls konvergieren.

2.4.2 Mathematische Beschreibung der Verfügbarkeit

Als augenblickliche Verfügbarkeit V(t) einer Betrachtungseinheit zur Zeit t bezeichnet man die Größe

$$V(t) = P(X(t) = 1) \quad /16/. \qquad (Gl.16)$$

V(t) ist die Wahrscheinlichkeit dafür, daß sich eine Betrachtungseinheit zum Zeitpunkt t im Zustand der Arbeitsfähigkeit befindet /21/.

Zur Kennzeichnung des Zustandes der Betrachtungseinheit ordnet man ihr die binäre Indikatorvariable X zu:

$$X = \begin{cases} 1 \text{ (die Betrachtungseinheit ist intakt)} \\ 0 \text{ (die Betrachtungseinheit ist ausgefallen).} \end{cases}$$

Im stationären Fall, d.h., bei ausreichend großer Entfernung vom Anfangszustand, ergibt sich für die Verfügbarkeit nach /16/

$$V = \lim_{t \to \infty} V(t) = \frac{E(T)}{E(T) + E(T_R)} = \frac{MUT_I}{MUT_I + MDT_I}. \qquad (Gl.17)$$

Diese Gleichung ist eine der grundlegenden Beziehungen der Verfügbarkeitstheorie und gilt nach /21/ für beliebige Wahrscheinlichkeitsverteilungen der Zufallsgrößen T und T_R, die endliche Erwartungswerte $E(T)$ und $E(T_R)$ besitzen. Diese Beziehung wird in /22/ als innere bzw. theoretische Verfügbarkeit V_I bezeichnet, da nur Ausfälle aufgrund von Anlagenstörungen betrachtet werden, die nicht planbare Instandsetzungsvorgänge zur Folge haben. Dürfen konstante Ausfall- und Instandsetzungsraten vorausgesetzt werden, d.h., gilt für die Ausfallrate

$$z = \frac{1}{MUT_I} \qquad (Gl.18)$$

und für die Instandsetzungsrate

$$m = \frac{1}{MDT_I} \qquad (Gl.19)$$

so ist

$$V = \frac{m}{m + z} \quad /22/. \qquad (Gl.20)$$

3 Verfügbarkeitsmodelle
3.1 Vorbemerkungen

In diesem Kapitel werden mathematische Modelle dargestellt, mit deren Hilfe sich die Verfügbarkeit von Fertigungssystemen abschätzen läßt. Dazu wird zunächst die Berechnung der Verfügbarkeit einer logischen Serienschaltung aus den das Verhalten der Einzelkomponenten kennzeichnenden Parametern am Beispiel einer Serienschaltung aus zwei Komponenten erläutert. Daraus werden Sonderfälle abgeleitet, die sich auf eine Serienschaltung aus beliebig vielen Komponenten verallgemeinern lassen. Außerdem wird die Verfügbarkeit der Parallelschaltung zweier Komponenten abgeleitet. Für Fertigungsanlagen mit Zwischenlagern wird ein vorhandenes Modell zur Berechnung der Verfügbarkeit eines Fertigungssystems aus zwei Stationen und einem Zwischenlager dargestellt und die zugehörigen Annahmen erläutert. Ausgehend von diesem Modell wird ein Verfahren entwickelt, mit dessen Hilfe die Verfügbarkeit eines Fertigungssystems mit beliebiger Anzahl von Stationen und Zwischenlagern berechnet werden kann.

3.2 Verfügbarkeit der logischen Serienschaltung
3.2.1 Verfügbarkeit der logischen Serienschaltung von zwei Komponenten
3.2.1.1 Allgemeine Ableitung mit Hilfe eines Markoff-Modells

Bisher wurden grundlegende Beziehungen für die Zuverlässigkeit, die Instandsetzbarkeit und die Verfügbarkeit einer Komponente oder eines Systems dargestellt, das als eine Einheit behandelt wird. Im folgenden wird die Systemverfügbarkeit einer logischen Serienschaltung von zwei Komponenten abgeleitet. Ein System stellt nach /6/ dann eine logische Serienschaltung dar, wenn der Ausfall einer Komponente den Ausfall der Anordnung bewirkt. Ein System aus zwei Komponenten, die jeweils intakt oder ausgefallen sein können, kann maximal vier verschiedene Zustände annehmen (Tabelle 1).

Komponente 1	Komponente 2	System	Systemzustand
intakt	intakt	intakt	(1;1)
ausgefallen	intakt	ausgefallen	(0;1)
intakt	ausgefallen	ausgefallen	(1;0)
ausgefallen	ausgefallen	ausgefallen	(0;0)

Tabelle 1: Funktionstabelle der logischen Serienschaltung von zwei Komponenten

Da die stationäre Verfügbarkeit als Wahrscheinlichkeit definiert wurde, eine Betrachtungseinheit zu einem willkürlich gewählten Zeitpunkt während des eingeschwungenen Betriebsablaufes im intakten Zustand anzutreffen oder als Zeitanteil, während dessen sich eine Betrachtungseinheit bei stationärem Betriebsablauf im arbeitsfähigen Zustand befindet, ist hier die stationäre Verfügbarkeit gleich der Wahrscheinlichkeit, das System zu einem willkürlich gewählten Zeitpunkt im Zustand (1;1) anzutreffen oder der Erwartungswert des Zeitanteils, während dessen sich das System im Zustand (1;1) befindet. Die Wahrscheinlichkeiten der einzelnen Zustände sind somit konstant und ihre Ableitungen dP(..)/dt gleich 0. Bei instandsetzbaren Systemen wie z.B. Fertigungsanlagen, für die eine sehr lange Einsatzdauer vorgesehen ist, interessiert in der Regel nur der stationäre Fall, nicht jedoch das Verhalten unmittelbar nach Beginn der Einsatzdauer. Aus diesem Grund wird hier nur der stationäre Fall behandelt.

Die beiden Komponenten des Systems sollen zeitlich konstante Ausfall- und Instandsetzungsraten haben. Die Ausfall- und Instandsetzungsraten können jedoch vom jeweiligen Zustand des Systems abhängen. Während z.B. für die Komponente 1 im Zustand (1;1) die Ausfallrate z_1 gilt, so hat sie im Zustand (1;0) die Ausfallrate z_1', die von z_1 verschieden sein kann. Aufgrund der zeitlich konstanten Ausfall- und Instandsetzungsraten besitzt das System die Markoff-Eigenschaft, die besagt, daß die Wahrscheinlichkeit, daß sich das System im Zeitpunkt t_{i+1} im Zustand $(X_{i+1}; Y_{i+1})$ befinden wird, unter der Bedingung, daß es sich im Zeitpunkt t_i im Zustand $(X_i; Y_i)$ befindet, nicht davon abhängt, in welchen Zuständen sich das System in den Zeitpunkten t_{i-1}, t_{i-2}, ... befunden hat /14/. Mit anderen Worten: Ein zukünftiger Zustand des Systems ist nur vom gegenwärtigen Zustand, nicht jedoch von Zuständen in der Vergangenheit abhängig. Das bedeutet, daß nach einer Instandsetzung eine Komponente wieder wie neu ist. Nach /12/ sind die Übergangsraten von einem Zustand zum anderen gleich den jeweiligen Ausfall- und Instandsetzungsraten. Anstatt der Ausfall- und Instandsetzungsraten werden hier die Ausfall- und Instandsetzungswahrscheinlichkeiten (p: Ausfallwahrscheinlichkeit; r: Instandsetzungswahrscheinlichkeit) in einem kleinen Intervall Δt verwendet. Damit gilt $z * \Delta t = p$ und $m * \Delta t = r$ ($p \ll 1$ und $r \ll 1$). Das Intervall Δt wird so klein angenommen, daß die Wahrscheinlichkeit für zwei oder mehr Zustandswechsel in Δt gegenüber der Wahrscheinlichkeit für einen oder keinen Zustandswechsel vernachlässigt werden kann. Darin eingeschlossen ist auch, daß die Wahrscheinlichkeit für eine Zustandsänderung beider Komponenten im Intervall Δt vernachlässigbar ist. Mit diesen Voraussetzungen läßt sich der Markoff-Graph nach Bild 5 erstellen. In Bild 5 sind neben den Wahrscheinlichkeiten, daß ein Zustand in einen anderen übergeht, auch die Wahrscheinlichkeiten, daß ein Zustand in sich selbst übergeht, eingetragen. Es muß z.B. der Zustand (1;1) mit der Wahrscheinlichkeit 1 entweder in sich selbst oder in einen anderen Zustand im Intervall Δt übergehen. Da er mit $p_1 + p_2$ in einen anderen Zustand

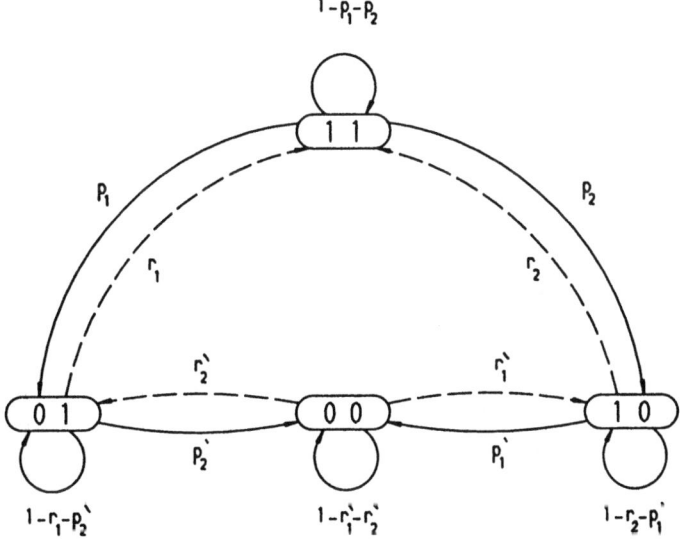

Bild 5: Markoff-Graph für eine logische Serienschaltung aus zwei Komponenten

übergeht, muß er mit $1 - (p_1 + p_2) = 1 - p_1 - p_2$ in sich selbst übergehen. Für die Auswertung des Markoff-Modells muß vorausgesetzt werden, daß kein Zustand absorbierend ist, d.h., kein Zustand darf mit der Wahrscheinlichkeit 1 in sich selbst übergehen. Dies ist z.b. dann der Fall, wenn eine Komponente aus Altersgründen nicht mehr instandgesetzt wird. In diesem Fall ist das stationäre Verhalten bei langer Einsatzdauer nicht interessant. Deshalb werden absorbierende Zustände ausgeschlossen. Da kein Zustand absorbierend ist, kann jeder Zustand von jedem anderen aus erreicht werden. Diese Eigenschaft wird Irreduzibilität genannt. Nach /12/ ist ein irreduzibler Markoff-Prozeß, bei dem zusätzlich jeder Zustand in sich selbst übergehen kann, nach genügend langer Zeit stationär. Die Wahrscheinlichkeiten, mit denen sich das System in den einzelnen Zuständen befindet, sind konstant und für jeden Anfangszustand gleich. Die Verwendung von r_1, r_2 und r_1', r_2' (r_i': Instandsetzungswahrscheinlichkeit einer Komponente, wenn beide Komponenten ausgefallen sind; i = 1;2) berücksichtigt die Möglichkeit, daß bei zwei ausgefallenen Komponenten die Instandsetzungswahrscheinlichkeit für eine bestimmte Komponente eine andere sein kann als für den Fall, daß nur diese eine Komponente nicht intakt ist. Entsprechend können p_1, p_2 und p_1', p_2' (p_i': Ausfallwahrscheinlichkeit einer Komponente, wenn die andere schon ausgefallen ist; i = 1;2) verschieden sein. Mit den genannten Voraussetzungen läßt sich aus dem in Bild 5 dargestellten Markoff-Graph ein lineares algebraisches Gleichungssystem aufstellen:

```
P(1;1) = (1-(p1 +p2 ))*P(1;1) + r1 *P(0;1) + r2 *P(1;0)
P(0;1) = p1 *P(1;1) + (1-(r1 +p2'))*P(0;1) + r2'*P(0;0)
P(1;0) = p2 *P(1;1) + (1-(r2 +p1'))*P(1;0) + r1'*P(0;0)
P(0;0) = p2'*P(0;1) + p1'*P(1;0) + (1-(r1'+r2'))*P(0;0)
```

Damit dieses Gleichungssystem eine eindeutige Lösung hat, muß eine der vier Gleichungen (in diesem Fall wird die letzte Gleichung gewählt) durch die Gleichung ("Summe der Wahrscheinlichkeiten aller Zustände gleich eins")

P(1;1) + P(0;1) + P(1;0) + P(0;0) = 1 (Gl.21)

ersetzt werden. In Matrixschreibweise ergibt sich folgende Darstellung des Gleichungssystems:

$$\begin{bmatrix} -(p_1+p_2) & r_1 & r_2 & 0 \\ p_1 & -(r_1+p_2') & 0 & r_2' \\ p_2 & 0 & -(r_2+p_1') & r_1' \\ 1 & 1 & 1 & 1 \end{bmatrix} * \begin{bmatrix} P(1;1) \\ P(0;1) \\ P(1;0) \\ P(0;0) \end{bmatrix} = \begin{bmatrix} 0 \\ 0 \\ 0 \\ 1 \end{bmatrix}.$$

Um die interessierende Wahrscheinlichkeit P(1;1) zu berechnen, wird die Cramer'sche Regel angewendet. Dazu wird die Determinante D der Übergangsmatrix (Matrix der Übergangswahrscheinlichkeiten) und die Cramerdeterminante D_1, welche aus D entsteht, indem man den ersten Spaltenvektor durch den Vektor der Absolutglieder ersetzt, berechnet. Für die Verfügbarkeit der logischen Serienschaltung zweier Komponenten gilt:

$$V = P(1;1) = \frac{D_1}{D}. \qquad (Gl.22)$$

Für D erhält man folgendes Ergebnis:

$$D = \begin{bmatrix} -(p_1+p_2) & r_1 & r_2 & 0 \\ p_1 & -(r_1+p_2') & 0 & r_2' \\ p_2 & 0 & -(r_2+p_1') & r_1' \\ 1 & 1 & 1 & 1 \end{bmatrix}.$$

$$D = -r_1*p_2*(r_2'+r_1'+p_1') - r_2*p_1*(r_2'+r_1'+p_2') - \\ - p_1'*p_2'*(p_1+p_2) - r_1*r_2*(r_1'+r_2') - \\ - r_1'*p_2'*(r_2+p_1+p_2) - r_2'*p_1'*(r_1+p_1+p_2).$$

Für D_1 erhält man folgendes Ergebnis:

$$D_1 = \begin{bmatrix} 0 & r_1 & r_2 & 0 \\ 0 & -(r_1 + p_2') & 0 & r_2' \\ 0 & 0 & -(r_2 + p_1') & r_1' \\ 1 & 1 & 1 & 1 \end{bmatrix}$$

$D_1 = - r_1*r_2*(r_2'+r_1') - r_1*r_2'*p_1' - r_1'*r_2*p_2'$.

Auf das explizite Anschreiben der Verfügbarkeit wird verzichtet, da im allgemeinen Fall keine weiteren Vereinfachungen möglich sind.

3.2.1.2 Sonderfälle

Sonderfall 1

In diesem Sonderfall ist die Wahrscheinlichkeit, daß eine Komponente ausfällt, wenn die andere (und damit das System) schon ausgefallen ist, gegenüber den Übergangswahrscheinlichkeiten p_1, p_2, r_1, r_2, r_1' und r_2' vernachlässigbar gering ($p_1' \approx 0$ und $p_2' \approx 0$). Damit ergibt sich für D und D_1:

$D = - r_1 * p_2 * (r_2' + r_1') - r_2 * p_1 * (r_2' + r_1') -$
$\quad - r_1 * r_2 * (r_2' + r_1')$

$D_1 = - r_1 * r_2 * (r_2' + r_1')$.

Für die Verfügbarkeit V_{S1} im Sonderfall 1 gilt:

$$V_{S1} = \frac{D_1}{D} = \frac{1}{p_2/r_2 + p_1/r_1 + 1}.$$

Mit $V_1 = \dfrac{r_1}{p_1 + r_1}$ und $V_2 = \dfrac{r_2}{p_2 + r_2}$

ergibt sich die Gleichung

$$V_{S1} = \frac{1}{1 + (1/V_1 - 1) + (1/V_2 - 1)} = V_{S1}(V_1; V_2). \qquad (Gl.23)$$

In dieser Beziehung, die auch in /16/ und /23/ angegeben wird, erscheinen nur noch die stationären Verfügbarkeiten der Komponenten 1 und 2 (V_1 und V_2). Das Ergebnis hängt nur von den mittleren störungsfreien Betriebsdauern und den mittleren Instandsetzungsdauern der Komponenten 1 und 2 ab. Deshalb darf die Beziehung nach /16/ auch dann angewendet werden, wenn die Ausfall- und Instandsetzungsraten nicht konstant sind.

Als Beispiel für den Sonderfall 1 kann ein Keilriementrieb herangezogen werden (Bild 6). Es wird angenommen, daß bei diesem Keilriementrieb nur die Keilriemen, nicht aber Wellen, Riemenscheiben, Lager u. ä. ausfallen können. Außerdem soll ein Keilriemen nur dann ausfallen können, wenn er Leistung überträgt, also beansprucht wird, was nur möglich ist, wenn beide Riemen intakt sind. Damit sind die Bedingungen des Sonderfalls 1 erfüllt, denn es liegt eine logische Serienschaltung vor (beide Riemen müssen intakt sein, damit das System intakt ist) und ein Riemen kann nicht mehr ausfallen, wenn der andere schon ausgefallen ist.

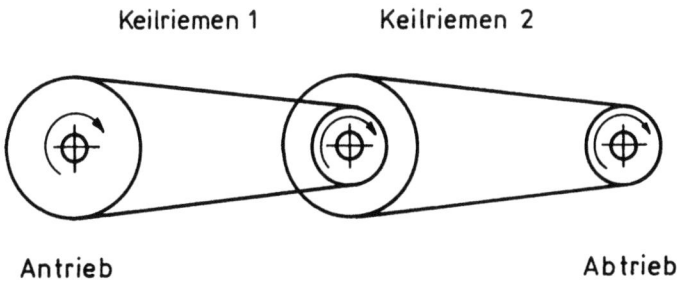

Bild 6: Beispiel für den Sonderfall 1 (Keilriementrieb)

In /13/ und /23/ wird (Gl.23) im stationären Fall auf Fertigungsanlagen mit zwei hintereinandergeschalteten Stationen ohne Zwischenlager angewendet. Dabei geht man davon aus, daß beim Ausfall einer Station die andere in eine Warteposition übergeht, also die Bearbeitung von Werkstücken einstellt. Wird für diese Warteposition eine vernachlässigbar geringe Ausfallrate angenommen, so sind die Voraussetzungen des Sonderfalls 1 erfüllt.

Sonderfall 2

In diesem Sonderfall ist die Ausfallwahrscheinlichkeit einer Komponente vom Zustand der anderen nicht abhängig. Ebenso verhält es sich mit den Instandsetzungswahrscheinlichkeiten. Man bezeichnet in diesem Fall die Komponenten als voneinander unabhängig. Unter den genannten Voraussetzungen ergibt sich für die Determinanten D und D_1:

$$D = (- r_1 * p_1 - r_2 * p_1 - p_1 * p_2 - r_1 * r_2) * \\ * (r_2 + r_1 + p_1 + p_2)$$

$$D_1 = - r_1 * r_2 * (r_2 + r_1 + p_1 + p_2).$$

Für die Verfügbarkeit V_{S2} im Sonderfall 2 gilt:

$$V_{S2} = \frac{D_1}{D} = \frac{r_1}{r_1 + p_1} * \frac{r_2}{r_2 + p_2}$$

$$V_{S2} = V_1 * V_2 = V_{S2}(V_1; V_2). \qquad (Gl.24)$$

In diesem Sonderfall genügt ebenfalls die Kenntnis der stationären Verfügbarkeiten der Komponenten 1 und 2 (V_1 und V_2) zur Berechnung der Verfügbarkeit des Systems. Diese Beziehung für V_{S2} wird auch in /15/, /16/ und /19/ angegeben.

Als Beispiel für den Sonderfall 2 kann der Rundfunk mit Sende- und Empfangsgerät dienen. Es wird nur ein Sender und ein Empfänger betrachtet. Das System ist intakt, wenn der Hörer eine Sendung empfangen kann. Hierzu muß sowohl der Sender als auch der Empfänger intakt sein (logische Serienschaltung). Fällt der Empfänger aus, so ist zwar das System ausgefallen, der Sender "weiß" jedoch nichts davon und sendet weiter. Damit ist seine Ausfallrate immer gleich, unabhängig vom Zustand des Empfängers. Umgekehrt wird der Hörer beim Ausfall des Senders seinen Empfänger eingeschaltet lassen, um beim Wiedereinsetzen des Senders nichts zu versäumen. Das Ausfallverhalten des Empfängers ist also unabhängig vom Zustand des Senders. In /15/ wird (Gl.24) im stationären Fall auf Fertigungsanlagen mit zwei hintereinandergeschalteten Stationen ohne Zwischenlager angewendet. Dabei geht man davon aus, daß beim Ausfall einer Station die andere in eine Warteposition übergeht (also die Bearbeitung von Werkstücken einstellt), in dieser Warteposition allerdings eine ebenso hohe Ausfallrate hat, als würde sie während der Instandsetzung der ausgefallenen Station weiterarbeiten.

<u>Sonderfall 3</u>

Im Sonderfall 3 kann die Komponente 2 nur ausfallen, solange beide Komponenten intakt sind, also das System intakt ist. Die Komponente 1 kann auch dann ausfallen, wenn die Komponente 2 schon ausgefallen ist. Ihre Ausfallwahrscheinlichkeit ist vom Zustand der Komponente 2 unabhängig ($p_1' = p_1$). Ebenso hängen die Instandsetzungswahrscheinlichkeiten nicht davon ab, ob eine oder zwei Komponenten ausgefallen sind ($r_1' = r_1$, $r_2' = r_2$). Unter diesen Voraussetzungen lassen sich die Determinanten D und D_1 in folgender Weise darstellen:

$$D = - r_1 * p_2 * (r_2 + r_1 + p_1) -$$
$$- r_2 * p_1 * (r_2 + r_1 + p_1 + p_2) -$$
$$- r_1 * r_2 * (r_2 + r_1 + p_1)$$

$$D_1 = - r_1 * r_2 * (r_2 + r_1 + p_1).$$

Für die Verfügbarkeit V_{S3} im Sonderfall 3 gilt:

$$V_{S3} = \frac{D_1}{D} = \frac{1}{\frac{1}{V_1} * \frac{1}{V_2} - \frac{p_1 * p_2}{r_1 * r_2} * \frac{r_1 + p_1}{r_2 + r_1 + p_1}}.$$

Im Sonderfall 3 fällt auf, daß sich die stationäre Verfügbarkeit des Systems nicht mehr wie in den Sonderfällen 1 und 2 aus den stationären Komponentenverfügbarkeiten allein berechnen läßt. Es ist die Kenntnis von zwei Parametern für jede Komponente erforderlich. Da dies meist nicht die Ausfall- und Instandsetzungswahrscheinlichkeiten im kleinen Zeitintervall Δt sind, sondern die Ausfall- und Instandsetzungsraten wird die Beziehung für V_{S3} mit z und m statt mit p und r dargestellt:

$$V_{S3} = \frac{1}{\frac{1}{V_1} * \frac{1}{V_2} - \frac{z_1 * z_2}{m_1 * m_2} * \frac{m_1 + z_1}{m_2 + m_1 + z_1}} \qquad (Gl.25)$$

(mit z_i = konst. und m_i = konst.; i = 1;2).

Mit diesen Ausdrücken lassen sich die Verfügbarkeiten in den dargestellten Sonderfällen miteinander vergleichen.

Es gilt: $V_{S2} < V_{S3} < V_{S1}$

Zur Abschätzung der Verfügbarkeit von logischen Serienschaltungen, die aus mehreren Komponenten bestehen, sind deshalb vor allem die Sonderfälle 1 und 2 von Bedeutung, da sie Grenzwerte ergeben, zwischen denen sich alle anderen Werte bewegen.

3.2.2 Verfügbarkeit der logischen Serienschaltung von n Komponenten

3.2.2.1 Verfügbarkeit der logischen Serienschaltung von n Komponenten, die jeweils nur ausfallen können, wenn das System intakt ist

Besteht das System, entsprechend Sonderfall 1 in Abschnitt 3.2.1.2, nur aus Komponenten, deren Ausfallrate gleich null wird, sobald das System ausgefallen ist (z' = 0), so kann das System keine Zustände annehmen, in denen mehr als eine Komponente ausgefallen ist. Wird ein Markoff-Modell für das System erstellt, so beträgt die Anzahl der Zustände nicht mehr 2^n, sondern (n + 1). Unter der für ein Markoff-Modell notwendigen Voraussetzung, daß die Ausfall- und Instandsetzungsraten aller Komponenten konstant sind, wird als Beispiel die Verfügbarkeit eines Systems aus sechs Komponenten berechnet. Der dazugehörige Markoff-Graph ist in Bild 7 dargestellt. Analog zum Markoff-Graph in Bild 5 (Abschnitt 3.2.1.1) sind in Bild 7 Übergangswahrscheinlichkeiten eingezeichnet. Wie in Abschnitt 3.2.1.1 soll auch hier nur das stationäre Verhalten des Systems betrachtet werden. Aus dem Markoff-Graph in Bild 7 erhält man folgendes, in Matrix-Darstellung angeschriebene Gleichungssystem. Wie in Abschnitt 3.2.1.1 wird die letzte Gleichung durch die Beziehung "Summe der Wahrscheinlichkeiten aller Zustände gleich eins" ersetzt.

$$\begin{bmatrix} r_1 & 0 & 0 & 0 & 0 & 0 & -p_1 \\ 0 & r_2 & 0 & 0 & 0 & 0 & -p_2 \\ 0 & 0 & r_3 & 0 & 0 & 0 & -p_3 \\ 0 & 0 & 0 & r_4 & 0 & 0 & -p_4 \\ 0 & 0 & 0 & 0 & r_5 & 0 & -p_5 \\ 0 & 0 & 0 & 0 & 0 & r_6 & -p_6 \\ 1 & 1 & 1 & 1 & 1 & 1 & 1 \end{bmatrix} * \begin{bmatrix} P(0;1;1;1;1;1) \\ P(1;0;1;1;1;1) \\ P(1;1;0;1;1;1) \\ P(1;1;1;0;1;1) \\ P(1;1;1;1;0;1) \\ P(1;1;1;1;1;0) \\ P(1;1;1;1;1;1) \end{bmatrix} = \begin{bmatrix} 0 \\ 0 \\ 0 \\ 0 \\ 0 \\ 0 \\ 1 \end{bmatrix}.$$

Für die Verfügbarkeit V des Systems gilt entsprechend der Cramer'schen Regel:

$$V = P(1;1;1;1;1;1) = \frac{D_7}{D}.$$

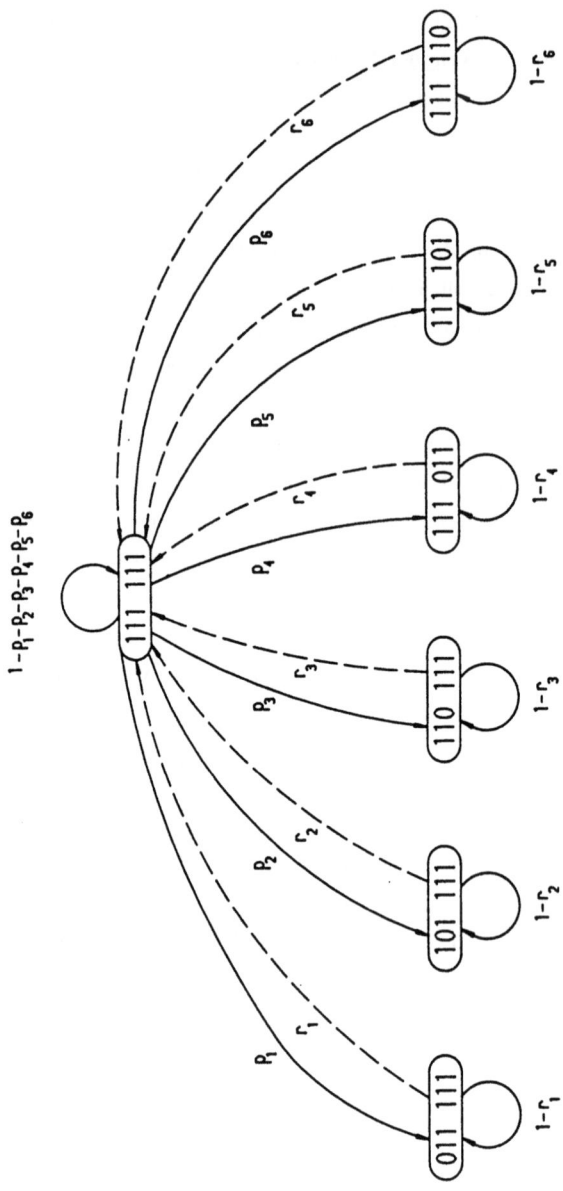

Bild 7: Markoff-Graph für eine logische Serienschaltung aus sechs Komponenten

Die Determinante D_7 kann sofort angegeben werden:

$$D_7 = \begin{bmatrix} r_1 & 0 & 0 & 0 & 0 & 0 & 0 \\ 0 & r_2 & 0 & 0 & 0 & 0 & 0 \\ 0 & 0 & r_3 & 0 & 0 & 0 & 0 \\ 0 & 0 & 0 & r_4 & 0 & 0 & 0 \\ 0 & 0 & 0 & 0 & r_5 & 0 & 0 \\ 0 & 0 & 0 & 0 & 0 & r_6 & 0 \\ 1 & 1 & 1 & 1 & 1 & 1 & 1 \end{bmatrix}$$

$$D_7 = r_1 * r_2 * r_3 * r_4 * r_5 * r_6 \; .$$

Für die Determinante D gilt:

$$\dot{D} = \begin{bmatrix} r_1 & 0 & 0 & 0 & 0 & 0 & -p_1 \\ 0 & r_2 & 0 & 0 & 0 & 0 & -p_2 \\ 0 & 0 & r_3 & 0 & 0 & 0 & -p_3 \\ 0 & 0 & 0 & r_4 & 0 & 0 & -p_4 \\ 0 & 0 & 0 & 0 & r_5 & 0 & -p_5 \\ 0 & 0 & 0 & 0 & 0 & r_6 & -p_6 \\ 1 & 1 & 1 & 1 & 1 & 1 & 1 \end{bmatrix}$$

$$\begin{aligned} D = \; & r_1*r_2*r_3*r_4*r_5*r_6 + r_1*r_2*r_3*r_4*r_5*p_6 + \\ & r_1*r_2*r_3*r_4*p_5*r_6 + r_1*r_2*r_3*p_4*r_5*r_6 + \\ & r_1*r_2*p_3*r_4*r_5*r_6 + r_1*p_2*r_3*r_4*r_5*r_6 + \\ & p_1*r_2*r_3*r_4*r_5*r_6 \; . \end{aligned}$$

Für die Verfügbarkeit V des Systems ergibt sich:

$$V = (1 + p_6/r_6 + p_5/r_5 + p_4/r_4 + p_3/r_3 + p_2/r_2 + p_1/r_1)^{-1} .$$

Mit $V_i = \dfrac{1}{1 + p_i/r_i}$ folgt $V = (1 + \underset{i=1}{\overset{6}{S}}U(1/V_i - 1))^{-1}$.

Diese Beziehung kann mit Hilfe der Induktion für eine Serienschaltung von n Komponenten verallgemeinert werden. Es wird ein Seriensystem betrachtet, das eine Komponente mehr enthält. Diese Komponente wird mit $1'$ bezeichnet und kann ebenfalls nur ausfallen, wenn das System intakt ist. Für die übrigen Komponenten wird eine Transformation der Numerierung durchgeführt:

$1 \rightarrow 2', 2 \rightarrow 3'$, usw.

Damit erweitern sich die Determinanten D und D_7 um je eine Zeile (oben) und je eine Spalte (links) zu D' und D_8'. Für D_8' und D' gilt:

$$D_8' = \begin{bmatrix} r_1' & 0 & 0 & 0 & 0 & 0 & 0 & 0 \\ 0 & r_2' & 0 & 0 & 0 & 0 & 0 & 0 \\ 0 & 0 & r_3' & 0 & 0 & 0 & 0 & 0 \\ 0 & 0 & 0 & r_4' & 0 & 0 & 0 & 0 \\ 0 & 0 & 0 & 0 & r_5' & 0 & 0 & 0 \\ 0 & 0 & 0 & 0 & 0 & r_6' & 0 & 0 \\ 0 & 0 & 0 & 0 & 0 & 0 & r_7' & 0 \\ 1 & 1 & 1 & 1 & 1 & 1 & 1 & 1 \end{bmatrix}$$

$$D_8' = r_1' * D_7 = r_1' * r_2' * r_3' * r_4' * r_5' * r_6' * r_7'$$

$$D' = \begin{bmatrix} r_1' & 0 & 0 & 0 & 0 & 0 & 0 & -p_1' \\ 0 & r_2' & 0 & 0 & 0 & 0 & 0 & -p_2' \\ 0 & 0 & r_3' & 0 & 0 & 0 & 0 & -p_3' \\ 0 & 0 & 0 & r_4' & 0 & 0 & 0 & -p_4' \\ 0 & 0 & 0 & 0 & r_5' & 0 & 0 & -p_5' \\ 0 & 0 & 0 & 0 & 0 & r_6' & 0 & -p_6' \\ 0 & 0 & 0 & 0 & 0 & 0 & r_7' & -p_7' \\ 1 & 1 & 1 & 1 & 1 & 1 & 1 & 1 \end{bmatrix}$$

$$D' = r_1{'} * D + p_1{'} * r_2{'} * r_3{'} * r_4{'} * r_5{'} * r_6{'} * r_7{'}.$$

Für die Verfügbarkeit des Systems ergibt sich:

$$V = \frac{D_8{'}}{D'} = \left(\frac{D'}{D_8{'}}\right)^{-1} = (1 + \underset{i=1}{\overset{7}{SU}} (1/V_i - 1))^{-1}.$$

Somit ist gezeigt, daß aus der Gültigkeit der Beziehung für n Komponenten die Gültigkeit für (n + 1) Komponenten gefolgert werden kann. Damit kann die Gleichung für eine Serienschaltung von n Komponenten angegeben werden, die alle nur ausfallen können, wenn das System intakt ist:

$$V = V_{S1}(V_1;V_2;\ldots;V_n) = (1 + \underset{i=1}{\overset{n}{SU}}(1/V_i - 1))^{-1}. \qquad (Gl.26)$$

3.2.2.2 Verfügbarkeit der logischen Serienschaltung von n Komponenten, die voneinander unabhängig sind

Entsprechend Sonderfall 2 in Abschnitt 3.2.1.2 wird auch hier unter Unabhängigkeit verstanden, daß die Ausfall- und Instandsetzungsraten der einzelnen Komponenten nicht vom Zustand der anderen Komponenten abhängen. Damit sind auch die Ereignisse "Komponente i inktakt" (i = 1, ..., n) im Sinne der Wahrscheinlichkeitsrechnung voneinander unabhängig, und die Verfügbarkeit V_{S2} berechnet sich als Produkt der Einzelverfügbarkeiten:

$$V = V_{S2}(V_1;V_2;\ldots;V_n) = \underset{i=1}{\overset{n}{PR}} V_i. \qquad (Gl.27)$$

Durch Anwendung der Rechenregeln für die Wahrscheinlichkeiten unabhängiger Ereignisse kann die Erstellung eines Markoff-Modells, das selbstverständlich das gleiche Ergebnis liefert, umgangen werden. Zu beachten ist, daß durch die hier eingeführte Prämisse der Unabhängigkeit von n Komponenten, die logisch in Reihe geschaltet sind, das durch die Konstruktion bedingte Zusammenwirken der Komponentenpaarungen nicht beachtet wird.

3.2.2.3 Verfügbarkeit der logischen Serienschaltung von n Komponenten, die die Sonderfälle 1, 2 und 3 beinhaltet

Es werden zunächst folgende Symbole eingeführt, mit deren Hilfe ein System als Blockdiagramm dargestellt werden kann (Bild 8):

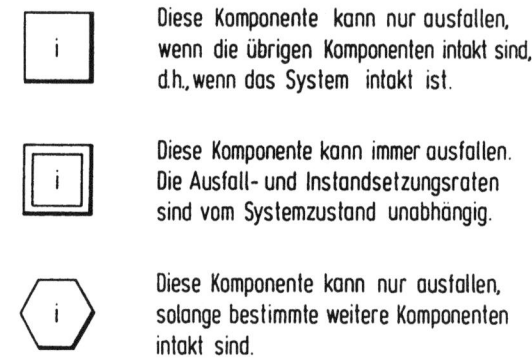

Bild 8: Symbole für Komponenten unterschiedlichen Ausfalltyps

Die Vorgehensweise zur Berechnung der Gesamtverfügbarkeit wird anhand des in Bild 9 dargestellten Systems gezeigt. Mit Hilfe dieses Beispiels wird verdeutlicht, wie man beim Abschätzen der Gesamtverfügbarkeit von logischen Serienschaltungen vorgeht, die aus Komponenten unterschiedlichen Ausfalltyps bestehen, was in der Praxis bei technischen Systemen der Normalfall ist.

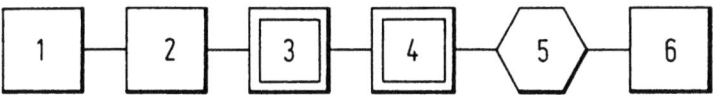

Bild 9: Beispiel für eine logische Serienschaltung (Blockschaltbild)

Die Komponenten der in Bild 9 dargestellten Serienschaltung weisen folgendes Verhalten auf:
- Die Komponenten 1, 2 und 6 können nur ausfallen, wenn das System intakt ist. Fällt irgendeine Komponente des Systems aus, gehen 1, 2 und 6 in eine Warteposition, bzw. werden nicht mehr beansprucht.
- Die Komponenten 3 und 4 sind von den anderen Komponenten unabhängig. Ihre Ausfall- und Instandsetzungsraten sind immer gleich.
- Die Komponente 5 kann in keine der beiden oben genannten Gruppen eingeordnet werden. Sie kann nicht mehr ausfallen, wenn eine der Komponenten 4 oder 6 schon ausgefallen ist. Sie kann jedoch ausfallen, wenn von den Komponenten 1, 2 und 3 eine oder mehrere ausgefallen sind.

Zur Berechnung der Verfügbarkeit der vorliegenden Serienschaltung wird zunächst die Reihenfolge der Komponenten im Blockschaltbild umgeordnet, was aufgrund der Kommutativität der bool'schen UND-Verknüpfung zulässig ist. Das umgeordnete Blockschaltbild ist in Bild 10 dargestellt.

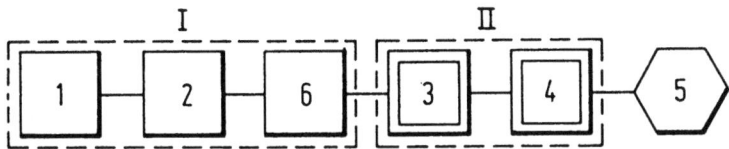

Bild 10: Umgeordnetes Blockschaltbild der Serienschaltung aus Bild 9

Mit den bisher aufgestellten Beziehungen für die Verfügbarkeit von Serienschaltungen lassen sich die Komponenten 1, 2 und 6 sowie die Komponenten 3 und 4 zusammenfassen:

$$V_I = V_{S1}(V_1; V_2; V_6) = (1 + (1/V_1 - 1) + (1/V_2 - 1) + (1/V_6 - 1))^{-1}$$

$$V_{II} = V_{S2}(V_3; V_4) = V_3 * V_4.$$

Die Komponente 5 läßt sich nicht mit anderen Komponenten durch eine der oben genannten Beziehungen zusammenfassen. Es ist allenfalls die Verbindung mit einer der übrigen Komponenten möglich, aber im Hinblick auf die Berechnung der Gesamtverfügbarkeit des Systems nicht nützlich. Die Verfügbarkeit der im Beispiel dargestellten Serienschaltung läßt sich damit nicht exakt berechnen, sondern nur mit Hilfe einer oberen und einer unteren Schranke abschätzen. Den Ausgangspunkt dafür bietet das teilweise zusammengefaßte System (Bild 11), dessen Komponentenverfügbarkeiten bereits berechnet wurden, bzw. bekannt sind.

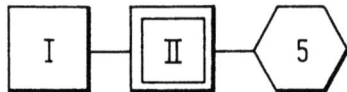

Bild 11: Teilweise zusammengefaßte Serienschaltung aus Bild 9

Um eine untere Schranke für die Gesamtverfügbarkeit zu erhalten, wird angenommen, daß alle drei der in Bild 11 dargestellten Komponenten voneinander unabhängig sind und somit immer ausfallen und instandgesetzt werden können. Ein solches System erfüllt die Bedingung des Sonderfalls 2, und die untere Schranke V_u für die Systemverfügbarkeit berechnet sich wie folgt:

$$V_u = V_{S2}(V_I; V_{II}; V_5) = V_I * V_{II} * V_5.$$

Zur Berechnung der oberen Schranke für die Gesamtverfügbarkeit wird angenommen, daß alle drei Komponenten nur ausfallen können, wenn das System intakt ist. Damit sind die Bedingungen des Sonderfalls 1 erfüllt, und es ergibt sich für die obere Schranke V_o:

$V_O = V_{S1}(V_I; V_{II}; V_5)$
$V_O = (1 + (1/V_I - 1) + (1/V_{II} - 1) + (1/V_5 - 1))^{-1}$.

Zur Veranschaulichung des Unterschiedes zwischen der unteren und oberen Schranke werden in das oben aufgeführte Beispiel Zahlenwerte eingesetzt. Der Einfachheit halber wird für jede Komponente eine Verfügbarkeit von 90 % angenommen. Damit ergibt sich für die untere und obere Schranke der Verfügbarkeit des Systems nach Bild 9:

$V_u = V_{S2}(V_I; V_{II}; V_5) = V_{S2}(0.75; 0.81; 0.9) = 0.55$
$V_O = V_{S1}(V_I; V_{II}; V_5) = V_{S1}(0.75; 0.81; 0.9) = 0.60$.

Bei der Zusammenfassung eines konkreten Seriensystems bietet sich deshalb die in Bild 12 dargestellte Vorgehensweise an.

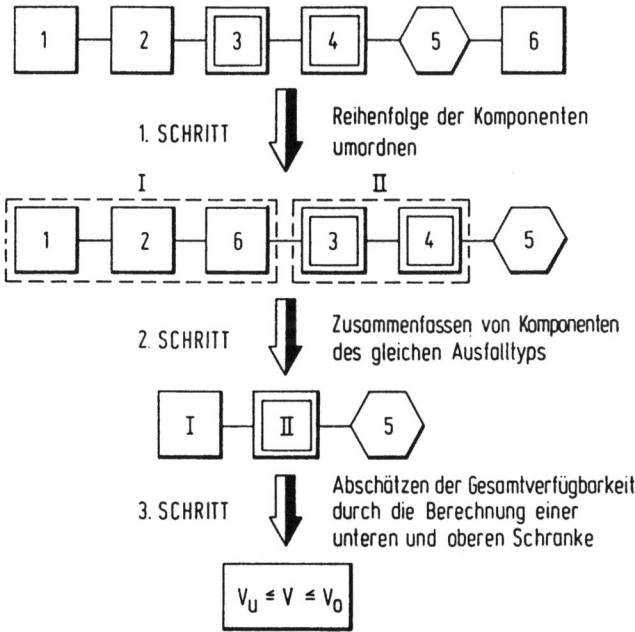

Bild 12: Vorgehensweise beim Abschätzen der Gesamtverfügbarkeit von Seriensystemen

Die oben aufgeführten Beziehungen zur Abschätzung der Systemverfügbarkeit gelten für Bauelemente, Baugruppen und für fertigungstechnische Teilsysteme (z.B. sich ergänzende Bearbeitungsstationen).

3.3 Verfügbarkeit der logischen Parallelschaltung
3.3.1 Vorbemerkungen

Eine weitere grundlegende Anordnung für Verfügbarkeitsuntersuchungen ist die logische Parallelschaltung, die auch als Redundanz bezeichnet wird. Redundanz bedeutet, daß zur Erfüllung ein und derselben Aufgabe mehrere Operationspfade vorhanden sind. Werden logisch parallele Einheiten gleichzeitig betrieben, dann spricht man von funktionsbeteiligter oder heißer Redundanz, im Gegensatz zur kalten Redundanz, bei der eine Reserveeinheit erst dann zugeschaltet wird, wenn die in Betrieb befindliche Einheit ausfällt /6/.

3.3.2 Verfügbarkeit der kalten Redundanz von zwei Komponenten
3.3.2.1 Allgemeine Ableitung mit Hilfe eines Markoff-Modells

Als kalte Redundanz zweier Komponenten wird ein System bezeichnet, das folgende Eigenschaften aufweist:
- Das System ist intakt, wenn mindestens eine Komponente intakt ist.
- Wenn beide Komponenten intakt sind, ist nur eine Komponente im Einsatz, die andere Komponente wird in Reserve gehalten. Es kann nur eine Komponente ausfallen, die im Einsatz ist.

Zur Ermittlung der Verfügbarkeit V_R der kalten Redundanz wird das in Bild 5 dargestellte Markoff-Modell verwendet. Die Zuverlässigkeit des Umschaltens wird mit 100 % angenommen. Damit gilt für die Wahrscheinlichkeit V_R:

$$V_R = P(1;1) + P(0;1) + P(1;0) = 1 - P(0;0)$$

$$V_R = 1 - \frac{D_4}{D}.$$

Mit Komponente 1 wird die Einheit bezeichnet, die im Einsatz ist, wenn beide Komponenten intakt sind. Komponente 2 ist die Reserveeinheit. Da die Reserveeinheit nicht ausfallen kann, wenn beide Einheiten intakt sind, gilt $p_2 = 0$. Die Komponente 1 unterliegt immer der gleichen Beanspruchung, solange sie intakt ist, und es gilt: $p_1 = p_1'$. Für den Fall, daß beide Komponenten ausgefallen sind, können die Instandsetzungswahrscheinlichkeiten r_1' und r_2' von den Werten bei nur einer ausgefallenen Komponente, r_1 und r_2, abweichen. Wenn die Komponente 2 im Einsatz ist, hat sie die Ausfallwahrscheinlichkeit p_2'. Mit diesen Voraussetzungen können die Determinanten D und D_4 im Fall der kalten Redundanz berechnet werden:

$$D_4 = \begin{bmatrix} -p_1 & r_1 & r_2 & 0 \\ p_1 & -(r_1 + p_2') & 0 & 0 \\ 0 & 0 & -(r_2 + p_1) & 0 \\ 1 & 1 & 1 & 1 \end{bmatrix}$$

$$D_4 = - (r_2 + p_1) * p_1 * p_2'$$

$$D = - (r_1 + p_1) * ((r_2 + p_1)*(p_2' + r_2') + r_2*r_1').$$

Für die Verfügbarkeit V_R ergibt sich:

$$V_R = 1 - \frac{D_4}{D}$$

$$V_R = 1 - \cfrac{1}{\cfrac{m_1 + z_1}{z_1} * \left(\cfrac{z_2' + m_2'}{z_2'} + \cfrac{m_2 * m_1'}{z_2' * (m_2 + z_1)} \right)} \qquad (Gl.28)$$

(mit z_i, z_i' = konst. und m_i, m_i' = konst.; i = 1, 2).

Im allgemeinen Fall läßt sich diese Beziehung für die Verfügbarkeit der kalten Redundanz zweier Komponenten nicht weiter zusammenfassen. Sie gilt sowohl für konstruktive (Bauelemente- und Baugruppenredundanz) als auch für fertigungstechnische Redundanz. Eine Form von kalter fertigungstechnischer Redundanz in einem Fertigungssystem ist nach /11/ z.B. der Einsatz von programmierbaren Handhabungsgeräten als eintauschbare Reserveeinheiten in einer Schweißstraße für Pkw-Seitenteile.

3.3.2.2 Sonderfälle

Sonderfall R1

In diesem Sonderfall wird nur eine der beiden ausgefallenen Komponenten instandgesetzt ($r_2' = 0$). Es ist sinnvoll, die Instandsetzungswahrscheinlichkeiten r_1 und r_1' gleichzusetzen, da in beiden Fällen nur die Komponente 1 instandgesetzt wird. Damit ergibt sich für die Verfügbarkeit im Sonderfall R1:

$$V_{R1} = 1 - \cfrac{1 - V_1}{1 + \cfrac{V_2}{1 - V_2} * \cfrac{m_1}{m_2 + z_1}} . \qquad (Gl.29)$$

Sind beide Komponenten identisch ($p_1 = p_2'$, $r_1 = r_1' = r_2$, $V_1 = V_2$), gilt für die Verfügbarkeit V_{R1} zweier identischer Komponenten in kalter Redundanz, die nicht gleichzeitig instandgesetzt werden können:

$$V_{R1} = \frac{V_1}{1 - V_1 + V_1^2} \quad . \hspace{2cm} (Gl.30)$$

Diese Beziehung wird auch in /16/ angegeben. V_{R1} hängt nur von der Einzelverfügbarkeit V_1 der beiden identischen Komponenten ab.

Sonderfall R2

In diesem Sonderfall hängen die Instandsetzungswahrscheinlichkeiten nicht davon ab, wie viele Komponenten ausgefallen sind ($r_2 = r_2'$, $r_1 = r_1'$). Für die Verfügbarkeit im Sonderfall R2 gilt:

$$V_{R2} = 1 - \frac{(1 - V_1) * (1 - V_2)}{1 + V_2 * \frac{m_1}{m_2 + z_1}} \quad . \hspace{2cm} (Gl.31)$$

Sind beide Komponenten identisch ($r_1 = r_1' = r_2 = r_2'$ und $p_1 = p_2'$, $V_1 = V_2$), gilt für die Verfügbarkeit V_{R2} der kalten Redundanz zweier Komponenten, die gleichzeitig instandgesetzt werden können:

$$V_{R2} = \frac{2 * V_1}{1 + V_1^2} \quad . \hspace{2cm} (Gl.32)$$

Als Beispiel für den Sonderfall R2 kann eine Überwachungsanlage dienen, die mit zwei identischen Kontrollbildschirmen ausgestattet ist, von denen jeweils nur einer benötigt wird. Die Instandsetzungskapazität ist unbeschränkt, d.h., es können beide Bildschirme gleichzeitig instandgesetzt werden. Damit ist die Instandsetzungswahrscheinlichkeit immer gleich (r = r'). Anhand der Darstellung der kalten Redundanz zweier identischer Komponenten in den Sonderfällen R1 und R2 als Funktion der Einzelverfügbarkeit (Bild 13) wird gezeigt, was es praktisch bedeutet, wenn die beiden Kontrollbildschirme gleichzeitig bzw. nicht gleichzeitig instandgesetzt werden können.

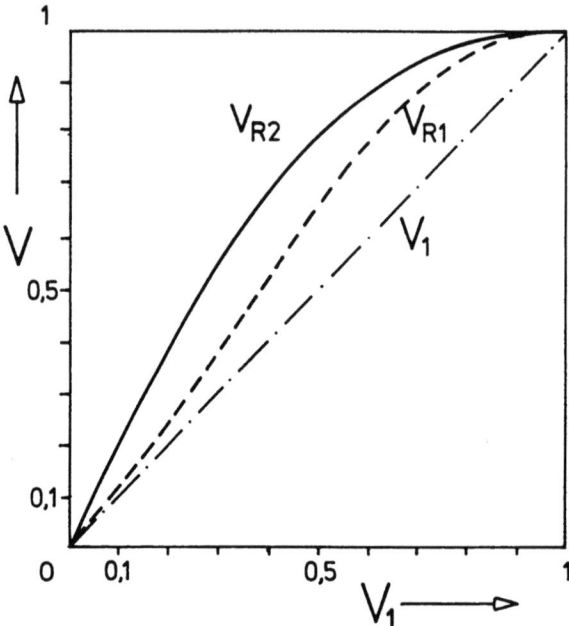

Bild 13: Verfügbarkeit der kalten Redundanz zweier identischer Komponenten in den Sonderfällen R1 und R2

Somit ist gezeigt, daß aus dem in Abschnitt 3.2.1.1 aufgestellten Markoff-Graph die gängigen in der Literatur angegebenen Verfügbarkeitsbeziehungen für Zwei-Komponentensysteme abgeleitet werden können. Damit stellt dieses Modell eine allgemeine Form von Verfügbarkeitsmodell dar, aus dem bekannte Sonderfälle durch die Wahl bestimmter Annahmen abgeleitet werden können.

3.3.3 Verfügbarkeit der heißen Redundanz

Die Verfügbarkeit einer heißen Redundanz auf Stationsniveau ergibt sich nach /20/ bei Fertigungssystemen mit zwei Stationen aus folgenden Überlegungen:
- Die Parallelschaltung wird sowohl von der ersten als auch von der zweiten Station gestört. Deshalb halbiert sich der Erwartungswert der mittleren störungsfreien Betriebsdauer.
- Der Ausfall einer Station wirkt sich so aus, als ob die gesamte Parallelschaltung für die Hälfte der Instandsetzungsdauer gestört gewesen wäre.
- Die Verfügbarkeit der Parallelschaltung ist deshalb die gleiche wie die der Einzelstationen.

Die oben aufgeführten Überlegungen gelten nach /20/ auch für n parallel geschaltete Stationen. Der ständig funktionsbeteiligte Einsatz von neun baugleichen Bearbeitungszentren in einem flexiblen Fertigungssystem für gehäuseförmige Werkstücke stellt nach /11/ beispielsweise einen Fall der heißen fertigungstechnischen Redundanz auf Stationsniveau dar.

3.4 Anwendungsbeispiel zur Berechnung der Gesamtverfügbarkeit eines Fertigungssystems ohne Zwischenlager

Ein Fall aus der Praxis soll die Anwendung der oben aufgeführten Methoden zur Berechnung der Systemverfügbarkeit verdeutlichen. Gleichzeitig wird gezeigt wie durch Modelle die Strukturen von Fertigungssystemen unter Verfügbarkeitsgesichtspunkten optimiert werden können. Drei Bearbeitungszentren (ein ergänzendes und zwei sich ersetzende), ein Rechnersystem und periphere Einrichtungen (Transport, Waschmaschine, Kühlsystem etc.) sind kettenförmig miteinander verknüpft (Bilder 14 u. 15). Ein schienengebundenes Transportsystem verkettet die Palettenwechseleinrichtungen der Bearbeitungszentren mit der Waschmaschine und den Aufsetzstationen. Die Waschmaschine wird von jedem Werkstück vor dem Ab- oder Umspannen angefahren. Zwei Maschinen (Bearbeitungszentren 2 und 3) können sich gegenseitig voll ersetzen. Die dritte Maschine (Bearbeitungszentrum 1)

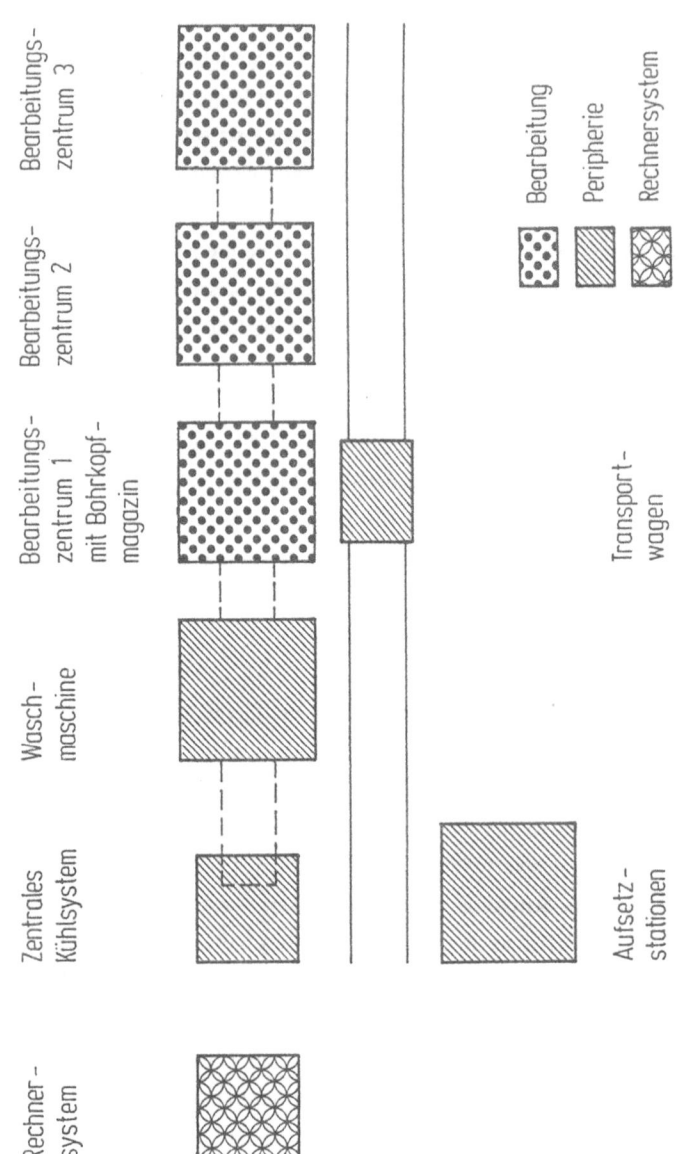

Bild 14: Flexibles Fertigungssystem zur Bohr- und Fräsbearbeitung (heute) /24/

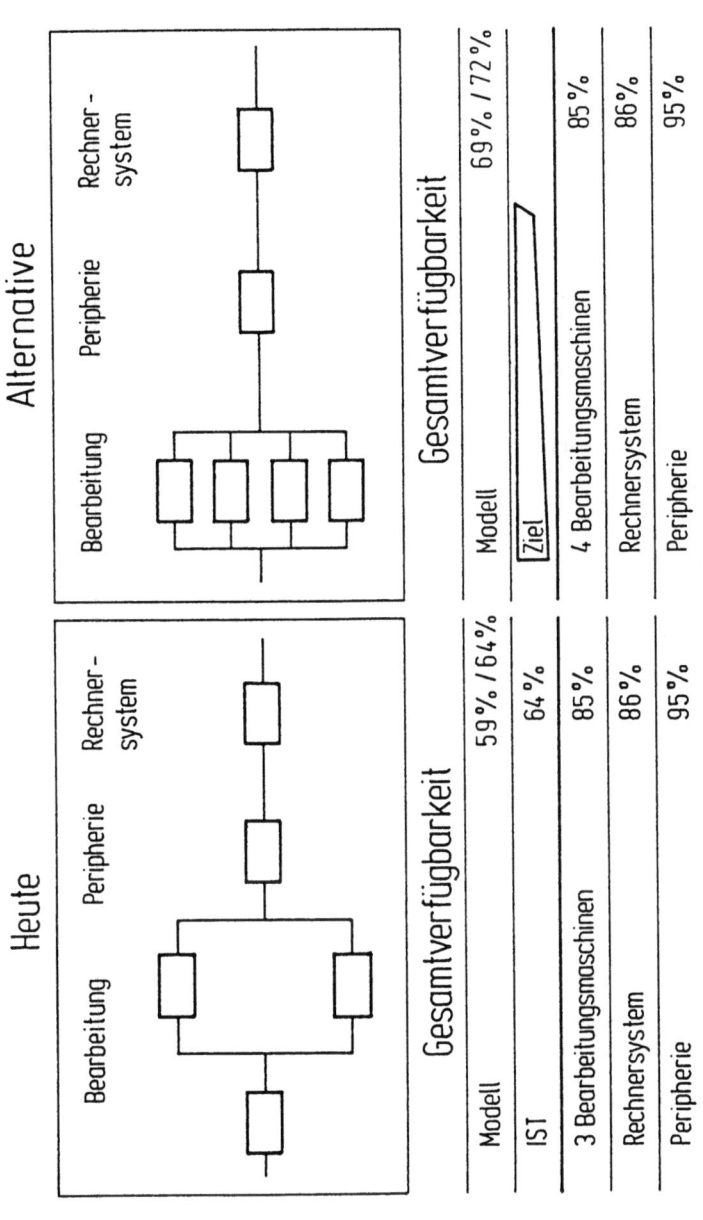

Bild 15: Struktur und Verfügbarkeit (in Anlehnung an /24/)

hat zusätzlich ein Bohrkopfmagazin, um das bei solchen Anlagen sehr kostspielige
'Loch-für-Loch'-Bearbeiten zu beschleunigen. Das Bearbeitungszentrum mit
Bohrkopfmagazin wird von jedem Werkstück angefahren und ist somit ergänzend
zu den beiden anderen Bearbeitungszentren. Ein zentrales Kühlsystem versorgt die
drei Bearbeitungszentren mit Kühlwasser. Die Einzelsteuerungen der Maschinen
werden von einem Leitrechner koordiniert und beauftragt. Die in Bild 15 aufgeführten Werte für die stationären Verfügbarkeiten der einzelnen Komponenten
wurden über einen längeren Zeitraum ermittelt /24/.

Bei der Berechnung der Gesamtverfügbarkeit des Systems ist folgende Vorgehensweise sinnvoll:
- Die logische Parallelschaltung der beiden sich ersetzenden Bearbeitungszentren
  stellt eine heiße Redundanz auf Stationsniveau dar. Damit ist nach den Überlegungen in Abschnitt 3.3.3 die Verfügbarkeit der Parallelschaltung die gleiche
  wie die der Einzelstationen (V_p = 85 %).
- Anschließend wird die Verfügbarkeit der logischen Reihenanordnung berechnet. Im ersten Fall wird davon ausgegangen, daß die einzelnen Komponenten
  nur ausfallen können, wenn das System intakt ist (Sonderfall 1 in Abschnitt
  3.2.1.2). Damit ergibt sich für die obere Schranke der Gesamtverfügbarkeit:

$$V_o = (1+(1/0.85-1)+(1/0.85-1)+(1/0.86-1)+(1/0.95-1))^{-1}$$

$$V_o = 64 \text{ \%}.$$

Im zweiten Fall wird von statistisch unabhängigen Komponenten (Sonderfall 2
in Abschnitt 3.2.1.2) ausgegangen. Damit ergibt sich für die untere Schranke
der Gesamtverfügbarkeit:

$$V_u = 0.85 * 0.85 * 0.86 * 0.95$$

$$V_u = 59 \text{ \%}.$$

Die praktische Erprobung über einen längeren Zeitraum ergab für die Gesamtverfügbarkeit einen Wert von ca. 64 %. Dieser Wert deckt sich mit der oberen Schranke für die Gesamtverfügbarkeit. Diese genaue Übereinstimmung kann im allgemeinen nicht erwartet werden. Der wahre Wert für die Gesamtverfügbarkeit wird in der Regel zwischen der oberen und unteren Schranke liegen. Ändert man die Struktur des Fertigungssystems, indem man die ergänzende Maschine mit Bohrkopfmagazin gegen zwei weitere sich ersetzende Maschinen austauscht (zwei Maschinen werden deshalb benötigt, da die Maschine mit zusätzlichem Bohrkopfmagazin eine höhere Produktivität hat als eine Maschine mit einem Standardwerkzeugmagazin), kann eine Steigerung der Gesamtverfügbarkeit um 8 % (obere Schranke), bzw. 10 % (untere Schranke) erreicht werden. Zwei weitere sich ersetzende Bearbeitungszentren mit je einem Standard-Kettenmagazin sind auch unter dem Gesichtspunkt der Wirtschaftlichkeit zu vertreten, da eine Sondermaschine mit zusätzlichem Bohrkopfmagazin einen ca. doppelt so hohen Wiederbeschaffungswert hat als eine Standardmaschine. Damit wurde an einem Beispiel gezeigt, wie durch einfache Überlegungen bei der Grundkonzeption eines Fertigungssystems eine verfügbarkeitsoptimale Struktur gefunden werden kann.

Zusammenfassend kann gesagt werden, daß Verfügbarkeitsmodelle während der Lösung einer Projektierungsaufgabe wesentliche Entscheidungshilfen bei der Auswahl von Fertigungssystemstrukturen sowie Hinweise auf nicht offen sichtbare Planungsfehler geben.

3.5 Verfügbarkeit von Linienfertigungssystemen mit Zwischenlagern
3.5.1 Vorbemerkungen

Die logische Serienschaltung von mehreren Fertigungsmitteln hat einen Stillstand des gesamten Fertigungssystems zur Folge, sobald auch nur eine Maschine ausfällt.

Damit trotzdem das Produktionsziel erreicht wird, sind nach /13/ u.a. folgende Maßnahmen denkbar:

- Erhöhung der Zuverlässigkeit der Maschinen,
- redundante Auslegung von Maschinenteilen und/oder die
- Errichtung von Pufferlagern.

Bei Linienfertigungssystemen mit sehr großen Prozeßteilen sind einer redundanten technischen Auslegung sehr schnell wirtschaftliche Grenzen gesetzt. Die Erhöhung der Zuverlässigkeit der Fertigungsmittel und insbesondere die Einplanung von Zwischenlagern erscheinen dann vorteilhaft.

3.5.2 Verfügbarkeit eines Fertigungssystems aus zwei Stationen in Serie mit Zwischenlager

Zur Berechnung der Verfügbarkeit eines Fertigungssystems aus zwei Stationen mit Zwischenlager wird in /13/ ein Markoff-Modell aufgestellt und ausgewertet. Die wichtigsten Modellannahmen und Ergebnisse werden hier kurz erläutert.

Modellannahmen:
- Stationen im Wartezustand fallen nicht aus. Eine Station ist dann im Wartezustand, wenn sie intakt und blockiert ist.
- Die Stationen haben die gleiche konstante Taktzeit T_T. Innerhalb der Taktzeit kann nur eine Station ihren Zustand ändern, und zwar nur einmal. Der Beobachtungszeitpunkt ist der Endpunkt eines Taktintervalls. Ist eine Station zum Beobachtungszeitpunkt intakt und nicht blockiert, so nimmt sie ein Werkstück auf und gibt ein Werkstück ab.
- Das System wird im stationären Zustand betrachtet.
- Die Wahrscheinlichkeiten p_i (Wahrscheinlichkeit für den Ausfall der Station i im Taktintervall T_T) und r_i (Wahrscheinlichkeit für die Instandsetzung der Station i im Taktintervall T_T) sind konstant.
- Das System entnimmt Werkstücke aus einem unbegrenzten Eingangslager und legt sie in ein unbegrenztes Endlager ab.

Zwei der oben aufgeführten Annahmen führen zu geometrischen Verteilungen (diskret) für Q(t) und M(t), die sich für hinreichend kleine p und r durch Exponentialverteilungen (stetig) annähern lassen. Nach /13/ hat die vorgenommene Diskretisierung auf das Ergebnis einen vernachlässigbar geringen Einfluß.

Ergebnisse:

Für die von der Lagerkapazität N sowie den Parametern p_1, p_2, r_1 und r_2 abhängige Verfügbarkeit ergibt sich nach /13/ folgende Gleichung:

$$V = \frac{1 - \dfrac{p_2 * r_1}{r_2 * p_1} * C^N}{\left(1 + \dfrac{p_1}{r_1}\right) - \left(1 + \dfrac{p_2}{r_2}\right) * \dfrac{p_2 * r_1}{r_2 * p_1} * C^N} \qquad (Gl.33)$$

$$C = \frac{(p_1+p_2)*(r_1+r_2) - p_1*r_2*(p_1+p_2+r_1+r_2)}{(p_1+p_2)*(r_1+r_2) - p_2*r_1*(p_1+p_2+r_1+r_2)}. \qquad (Gl.34)$$

Damit ergibt sich für $V_1 = V_2$ folgende Gleichung:

$$V = \frac{\left(1 + \dfrac{p_2}{p_1} - \dfrac{r_2}{V_1}\right) + N*\dfrac{r_2}{V_1}}{\left(\dfrac{2}{V_1} - 1\right) * \left(1 + \dfrac{p_2}{p_1} - \dfrac{r_2}{V_1}\right) + N*\dfrac{r_2}{V_1^2}}. \qquad (Gl.35)$$

Für den Grenzfall N = 0 liefern die angegebenen Beziehungen, entsprechend der Annahme, daß Stationen in Warteposition nicht ausfallen, die (Gl.23)

$$V = (1 + p_1/r_1 + p_2/r_2)^{-1} =$$
$$= (1 + (1/V_1 - 1) + (1/V_2 - 1))^{-1} =$$
$$= V_{S1}(V_1;V_2).$$

3.5.3 Verfügbarkeit eines Fertigungssystems aus n Stationen in Serie mit Zwischenlagern

3.5.3.1 Einführung

Zur Darstellung von Fertigungssystemen mit Zwischenlagern in Form von Blockschaltbildern wird zunächst ein Symbol für Zwischenlager eingeführt (Bild 16).

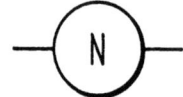

Bild 16: Symbol für ein Zwischenlager mit der Kapazität N

Mit dem in Bild 16 eingeführten Symbol läßt sich das in Abschnitt 3.5.2 behandelte System darstellen (Bild 17). Ein solches System wird im folgenden als Elementarsystem bezeichnet.

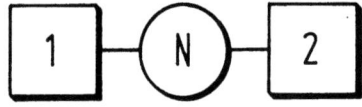

Bild 17: Symbol für ein Elementarsystem

Ein Beispiel für ein Fertigungssystem, das aus mehr als zwei Stationen und mehr als einem Zwischenlager besteht, ist in Bild 18 dargestellt.

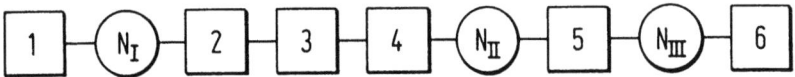

Bild 18: Beispiel für eine logische Serienschaltung mit Zwischenlagern

Für die einzelnen Stationen sollen die gleichen Voraussetzungen gelten wie in Abschnitt 3.5.2. Damit können alle Stationen, zwischen denen sich kein Lager befindet, mit der in Abschnitt 3.2.2.1 angegebenen Beziehung für $V_{S1}(V_1;...;V_n)$ zusammengefaßt werden, und es können für die zusammengefaßte Station Ersatzausfallwahrscheinlichkeit und Ersatzinstandsetzungswahrscheinlichkeit berechnet werden. Für die Ersatzausfallwahrscheinlichkeit eines Seriensystems aus n Komponenten, die jeweils konstante Ausfallwahrscheinlichkeiten p_i aufweisen, gilt nach /6/:

$$p = \underset{i=1}{\overset{n}{SU}} p_i . \qquad (Gl.36)$$

Außerdem gilt, daß bei einem ausgefallenen Seriensystem aufgrund der Modellannahmen nach /13/ Stationen im Wartezustand nicht ausfallen, d.h., es kann sich nur eine Station im ausgefallenen Zustand befinden, und es muß nur eine Station in den intakten Zustand zurückkehren, damit das System in den intakten Zustand zurückkehrt. Es wird vorausgesetzt, daß alle Stationen konstante Instandsetzungswahrscheinlichkeiten r_i besitzen. Damit hat das Seriensystem in jedem der n Ausfallzustände eine konstante Ersatzinstandsetzungswahrscheinlichkeit r. Ist p die konstante Ersatzausfallwahrscheinlichkeit und r die konstante Ersatzinstandsetzungswahrscheinlichkeit, gilt folgende Beziehung:

$$V = V_{S1}(V_1;..;V_n) = (1+\underset{i=1}{\overset{n}{SU}}(1/V_i -1))^{-1} = \frac{r}{r+p} = \frac{1}{1+p/r}$$

Daraus ergibt sich für die Ersatzinstandsetzungswahrscheinlichkeit:

$$r = \frac{\sum_{i=1}^{n} p_i}{\sum_{i=1}^{n} p_i/r_i}. \qquad (Gl.37)$$

Im vorgegebenen Beispiel lassen sich die Stationen 2, 3 und 4 zur Station 2^* zusammenfassen (Bild 19).

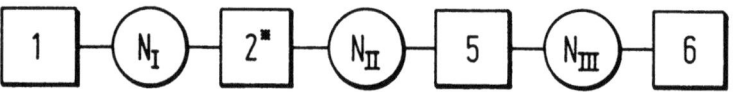

Bild 19: Teilweise zusammengefaßte Serienschaltung mit Zwischenlagern aus Bild 18

Aufgrund der Möglichkeit einer Zusammenfassung von Stationen, die nicht durch ein Lager getrennt sind, werden im folgenden nur noch Anlagen betrachtet, bei denen auf eine Station jeweils ein Lager folgt. Für ein Fertigungssystem mit vier Stationen und drei Zwischenlagern (Bild 19) könnte theoretisch ein Markoff-Modell aufgestellt werden, um die Verfügbarkeit der Anlage zu berechnen. Dieses Markoff-Modell hätte dann $2^4*(N_I + 1)*(N_{II} + 1)*(N_{III} + 1)$ Zustände. Für $N_I = N_{II} = N_{III} = 4$ wären das 2000 Zustände. Da im Markoff-Modell so viele Gleichungen wie Zustände auftreten, ist die Auswertung für mehr als zwei Stationen zwar lösbar, jedoch nicht mehr praktikabel. Aus diesem Grund muß eine Näherungslösung zur Berechnung der Verfügbarkeit einer Fertigungsanlage aus n Stationen und (n – 1) Zwischenlagern gesucht werden. Ein anderer möglicher Weg ist das Aufstellen von Simulationsmodellen.

3.5.3.2 Näherungsbetrachtung unter der Annahme des gleichen relativen Gewinns

Bei dieser Näherung geht man davon aus, daß ein Lager zwischen zwei Systemen einen relativen Verfügbarkeitsgewinn bringt, der von der Zwischenlagerkapazität abhängt. Die Verfügbarkeit eines Elementarsystems ist, wie in Abschnitt 3.5.2 gezeigt, bei konstanten Ausfall- und Instandsetzungswahrscheinlichkeiten p_i, r_i eine Funktion der Zwischenlagerkapazität N:

$$V(N;r_1;p_1;r_2;p_2) = V(N). \qquad (Gl.38)$$

Nach /13/ ergibt sich für N = 0 die minimale, für N -> ∞ die maximale Verfügbarkeit, und es gilt:

$$V(0) = (1 + (1/V_1 - 1) + (1/V_2 - 1))^{-1} = V_{min} \qquad (Gl.39)$$

$$V(N -> \infty) = V(\infty) = \min(V_1;V_2) = V_{max}. \qquad (Gl.40)$$

Der relative Gewinn G(N) wird in /13/ definiert als das Verhältnis des tatsächlich durch ein Zwischenlager erreichten Zuwachses zum maximal möglichen Zuwachs an Verfügbarkeit:

$$G(N) = \frac{V(N) - V(0)}{V(\infty) - V(0)}. \qquad (Gl.41)$$

Ein relativer Gewinn kann für jedes Elementarsystem (ES) berechnet werden. Ein Elementarsystem kann an jedem Zwischenlager gebildet werden. Die der Näherung zugrunde liegende Annahme des gleichen relativen Gewinns wird an dem in Bild 20 dargestellten Beispiel erläutert.

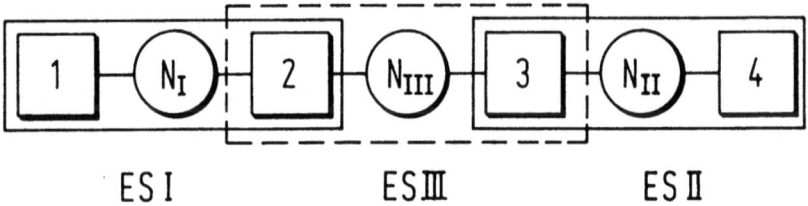

Bild 20: Beispiel für eine logische Serienschaltung mit Zwischenlagern

Für die Elementarsysteme ES I und ES II lassen sich die Verfügbarkeiten V_I und V_{II} mit (Gl.33) berechnen. Mit diesen Werten wird die Verfügbarkeit des Gesamtsystems für $N_{III} = 0$ und $N_{III} \to \infty$ berechnet. Als Verfügbarkeit eines Elementarsystems wurde bisher die Wahrscheinlichkeit bezeichnet, daß das Elementarsystem innerhalb eines Taktintervalls ein Werkstück abgibt (Ausgangsverfügbarkeit). Aus Gleichgewichtsgründen muß für $N < \infty$ die Wahrscheinlichkeit, daß das Elementarsystem innerhalb eines Taktintervalls ein Werkstück annimmt (Eingangsverfügbarkeit), ebenfalls gleich der Verfügbarkeit V sein. Damit läßt sich die Verfügbarkeit des in Bild 20 dargestellten Systems für $N_{III} = 0$ abschätzen:

$$V(N_{III} = 0) = (1 + (1/V_I - 1) + (1/V_{II} - 1))^{-1}.$$

Bei der Anwendung dieser Beziehung wird angenommen, daß nicht nur die Station 3, sondern die Stationen 3 und 4 in Warteposition gehen, solange Station 2 kein Werkstück abgibt, weil sie blockiert oder ausgefallen ist. Entsprechend sollen die Stationen 1 und 2 in Warteposition gehen, wenn Station 3 kein Werkstück aufnimmt. Die Verfügbarkeit $V(N_{III} = 0)$ wird damit unterschätzt.
Für $N_{III} \to \infty$ gilt:

$$V(N_{III} \to \infty) = \min(V_I; V_{II}).$$

Für das Elementarsystem III kann mit (Gl.33) die Verfügbarkeit $V_{III}(N_{III})$ und mit (Gl.41) der relative Gewinn $G_{III}(N_{III})$ berechnet werden. Bei der Näherungslösung mit Hilfe des gleichen relativen Gewinns wird angenommen, daß der sich durch das Lager III zwischen den Elementarsystemen ES I und ES II ergebende relative Gewinn $G(N_{III})$ gleich dem relativen Gewinn des Elementarsystems III $G_{III}(N_{III})$ ist. Mit den genannten Annahmen kann die Verfügbarkeit V des Gesamtsystems abgeschätzt werden:

$$V = G_{III}(N_{III}) * [V(N_{III}->\infty) - V(N_{III}=0)] + V(N_{III}=0).$$

Das in Bild 20 dargestellte System läßt sich jetzt wieder als Elementarsystem auffassen und könnte mit der dargestellten Methode mit einem weiteren Elementarsystem zusammengefaßt werden. Dabei kann auch eine einzelne Station als Elementarsystem betrachtet werden. Damit ergibt sich die in Bild 21 dargestellte Vorgehensweise zur Berechnung der Verfügbarkeit eines Fertigungssystems aus n Stationen in Serie mit Zwischenlagern.

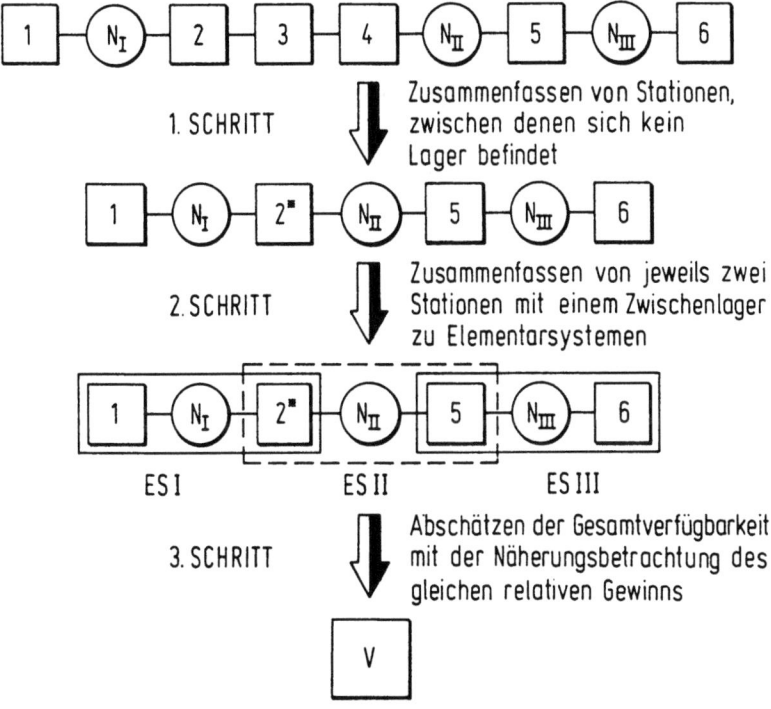

Bild 21: Vorgehensweise beim Abschätzen der Gesamtverfügbarkeit von Seriensystemen mit Zwischenlagern

Der Nachteil dieser Methode besteht darin, daß sie für $n \neq 2^b$ (b ist eine natürliche Zahl) nicht eindeutig ist. Dies wird am Beispiel eines Fertigungssystems aus drei Stationen und zwei Zwischenlagern gezeigt (Bild 22).

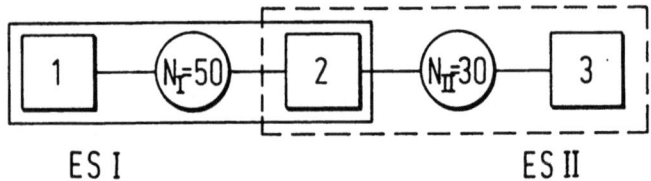

ES I ES II

Bild 22: Beispiel eines Fertigungssystems mit zwei Zwischenlagern

Es werden folgende Parameter angenommen:

$r_1 = 0.02$; $r_2 = 0.03$; $r_3 = 0.04$;
$p_1 = 0.01$; $p_2 = 0.01$; $p_3 = 0.01$.

Damit können mit Hilfe von (Gl.20), (Gl.33), (Gl.39), (Gl.40) und (Gl.41) folgende Größen berechnet werden:

$V_1 = 0.6667$;
$V_2 = 0.7500$;
$V_3 = 0.8000$;
$V_{Imin} = V_I(N_I = 0) = 0.5455$;
$V_{IImin} = V_{II}(N_{II} = 0) = 0.6316$;
$V_{Imax} = V_I(N_I \to \infty) = 0.6667$;
$V_{IImax} = V_{II}(N_{II} \to \infty) = 0.7500$;
$V_I(N_I = 50) = 0.6076$;
$V_{II}(N_{II} = 30) = 0.6817$;
$G_I(N_I = 50) = 0.5120$;
$G_{II}(N_{II} = 30) = 0.4234$.

Für die Berechnung der Verfügbarkeit der gesamten Anlage mit der Näherung des gleichen relativen Gewinns gibt es zwei Möglichkeiten:

- Elementarsystem ES I zusammenfassen, dann aus $V_I(50)$, $G_{II}(30)$ und V_3 die Verfügbarkeit V berechnen:

$G_{II}(30) = 0.4234;$
$V_{max} = \min(V_I(50); V_3) = 0.6076;$
$V_{min} = V_{S1}(V_I(50); V_3) = 0.5275;$

$V = G_{II}(30)*[V_{max} - V_{min}] + V_{min} = 0.5614.$

- Elementarsystem ES II zusammenfassen, dann aus $V_{II}(30)$, $G_I(50)$ und V_1 die Verfügbarkeit V berechnen:

$G_I(50) = 0.5120;$
$V_{max} = \min(V_{II}(30); V_1) = 0.6667;$
$V_{min} = V_{S1}(V_{II}(30); V_1) = 0.5084;$

$V = G_I(50)*[V_{max} - V_{min}] + V_{min} = 0.5894.$

Der Vergleich der beiden Verfügbarkeitswerte liefert eine absolute Abweichung von 0.0280. Da bei dieser Methode ein Unterschätzen der Verfügbarkeit nicht ausgeschlossen ist, empfiehlt es sich, den größeren der beiden Werte für weitere Berechnungen zu verwenden.

4 Praktische Berechnungsmethoden mit zeitbezogenen Kennwerten
4.1 Analyse der Ablaufabschnitte
4.1.1 Vorbemerkungen

Ablaufgliederungen sind die Grundlage für die Bildung von Kennwerten, die ausdrücken, wie wirkungsvoll das Zusammenspiel von verschiedenen Systemkomponenten ist /25/. Der Begriff Wirksamkeit bzw. wirkungsvoll ergibt sich aus der Zusammenfassung von Leistungsfähigkeit und Verfügbarkeit /22/. Demnach ist ein System dann wirkungsvoll, wenn es leistungsfähig und verfügbar ist. In diesem Abschnitt werden zwei im Rahmen des Arbeitsstudiums verwendete Ablaufgliederungen (eine grobe und eine detaillierte) erläutert, die es erlauben, Abläufe eindeutig zu beschreiben. Mit Hilfe dieser beiden Ablaufgliederungen kann die Wirksamkeit eines Fertigungsmittels dargestellt werden. Außerdem wird eine auf Verfügbarkeitsüberlegungen aufgebaute Gliederung von Ablaufabschnitten erläutert, die die Leistungsfähigkeit einer Anlage unberücksichtigt läßt. Abschließend werden die aus dem Arbeitsstudium bekannten Abläufe einer Ablaufabschnittsgliederung zugeordnet, die sich aus Verfügbarkeitsüberlegungen ergibt.

4.1.2 Ablaufabschnitte nach REFA
4.1.2.1 Grobe Gliederung der Ablaufabschnitte

Es gibt eine Vielzahl von Gliederungsmöglichkeiten für Abläufe an Fertigungsmitteln. Eine einfache und für bestimmte Zwecke durchaus ausreichende ist in Bild 23 dargestellt (nach /25/).

Für die in Bild 23 verwendeten Begriffe gelten nach /25/ folgende Definitionen:
- Rüsten ist das Vorbereiten des Arbeitssystems für die Erfüllung der Arbeitsaufgabe sowie das Rückversetzen des Arbeitssystems in den ursprünglichen Zustand.
- Ausführen ist die Veränderung der Eingabe im Sinne der Arbeitsaufgabe des Arbeitssystems.
- Das Fertigungsmittel ist im Einsatz, wenn es dem Betrieb zur Ausführung von

Arbeitsaufgaben zur Verfügung steht und durch Aufträge belegt ist.
- Das Fertigungsmittel ist außer Einsatz, wenn es längerfristig nicht zur Verfügung steht oder durch Aufträge längerfristig nicht belegt werden kann. Was unter längerfristig verstanden wird, unterliegt der betrieblichen Festlegung.
- Unter Betriebsruhe fallen die gesetzlich, tariflich oder betrieblich geregelten Arbeitspausen und sonstige Anlässe, während denen im Gesamtbetrieb oder in Teilen des Betriebes nicht gearbeitet wird (Beispiele: Festgelegte Betriebspausen, Feiertage, Betriebsruhe infolge Einschicht- oder Zweischichtbetrieb, Betriebsruhe infolge von äußeren Anlässen u.ä.).

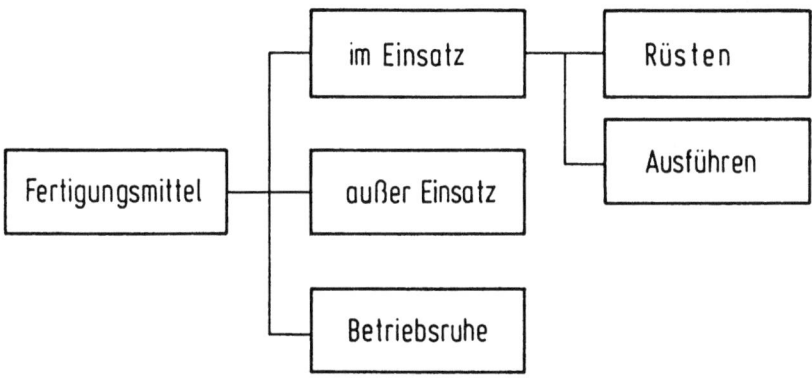

Bild 23: Grobe Gliederung von Ablaufabschnitten nach REFA

4.1.2.2 Detaillierte Gliederung der Ablaufabschnitte

Im folgenden wird eine detaillierte Gliederung der Ablaufabschnitte nach /25/ wiedergegeben, der die grobe Gliederung überlagert werden kann. Die detaillierte Ablaufgliederung beim Fertigungsmittel umfaßt, wie schon aus der Grobgliederung ersichtlich, nicht nur Ereignisse, die nach /25/ beim Zusammenwirken der Systemelemente in Erfüllung einer Arbeitsaufgabe vorkommen, sondern darüber hinaus auch die Ereignisse, die außerhalb des Zusammenwirkens liegen, wie z.B. Ausfälle des Fertigungsmittels. Die detaillierte Ablaufgliederung, bezogen auf das Fertigungsmittel, ist in Bild 24 dargestellt (nach /25/).

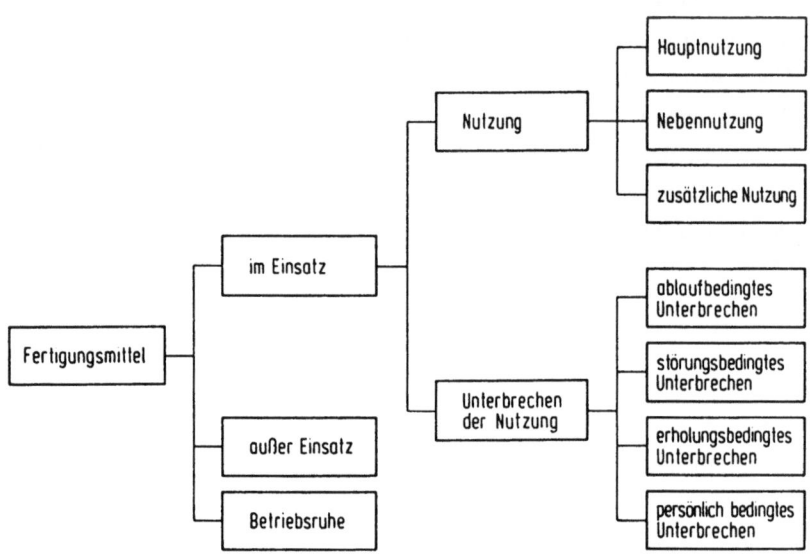

Bild 24: Detaillierte Gliederung von Ablaufschnitten nach REFA

Für die in Bild 24 verwendeten Begriffe gelten nach /25/ folgende Definitionen:
- Das Fertigungsmittel wird genutzt, wenn es am Zusammenwirken der Systemelemente eines Arbeitssystems beteiligt ist (Beispiele: Spanabnahme an einer Drehmaschine, Rücklauf des Drehmeißels, Wählen der Drehzahl, Einstellen des Vorschubes, sonstige Vorbereitungsarbeiten an der Maschine, Aus- und Einspannen von Werkstücken an einer Drehmaschine, Messen des Werkstückes innerhalb einer Drehmaschine u.ä.).
- Beim ablaufbedingten Unterbrechen der Nutzung wartet das Fertigungsmittel planmäßig auf eine Tätigkeit des Menschen, auf eine Veränderung von Arbeitsgegenständen oder auf das Ende bestimmter Ablaufabschnitte an anderen Fertigungsmitteln (Beispiele: Warten auf Kran, Messen des Werkstückes neben dem Fertigungsmittel, Lesen von Arbeitsanweisungen und Zeichnungen u.ä.).

- Das störungsbedingte Unterbrechen der Nutzung ist ein zusätzliches Warten des Fertigungsmittels infolge von technischen und organisatorischen Störungen. Die Zeitgrenze, ob ein Fertigungsmittel als außer Einsatz betrachtet wird oder ob ein störungsbedingtes Unterbrechen vorliegt, unterliegt, wie bei der Grobgliederung bereits erwähnt, nach /25/ der betrieblichen Festlegung. Beispiele für außer Einsatz sind Auftragsmangel, fehlendes Material, fehlende Arbeitsmittel, fehlende Informationen (Arbeitspapiere), Instandsetzungen, Wartungen u.ä. Beispiele für störungsbedingtes Unterbrechen sind kleinere Instandsetzungen, kleinere Störungen wegen fehlerhaftem Material u.ä.
- Beim erholungsbedingten Unterbrechen unterbricht das Erholen des Menschen die Nutzung des Fertigungsmittels.
- Beim persönlich bedingten Unterbrechen wird das Unterbrechen der Nutzung des Fertigungsmittels durch den Menschen verursacht (Beispiel: Zigaretten holen, während dessen die Maschine abgestellt wird).

4.1.3 Ablaufabschnitte nach VDI-Richtlinie 3423

Die Gliederung der Ablaufabschnitte nach der VDI-Richtlinie 3423 /26/ (Bild 25) dient zur Erkennung von technischen und organisatorischen Störungen, die zu Stillstandszeiten führen. Die detailliert aufgezeigten Stillstandszeiten können berücksichtigt werden bei der Schwachstellenfindung, als Nachweis bei Garantieansprüchen sowie bei einer vergleichenden Betrachtung von verschiedenen Fertigungsanlagen und deren Komponenten.

Für die in Bild 25 verwendeten Begriffe gelten nach /26/ folgende Definitionen:
- Die Planbelegungszeit ist die für den überschaubaren Zeitraum festgelegte Einsatzzeit der Maschine. Nicht zur Planbelegungszeit zählen z.B. festgelegte Betriebspausen, Feiertage, Betriebsruhe infolge von Einschicht- oder Zweischichtbetrieb, Betriebsruhe infolge von äußeren Anlässen u.ä.
- Während der Nutzungszeit wird die Maschine für ein Erzeugnis genutzt.
- Die Ruhezeit ist die Summe aller organisatorischen Stillstandszeiten, die sich beispielsweise infolge von fehlenden Aufträgen, fehlendem Personal, fehlenden

Werkzeugen, fehlenden Arbeitsunterweisungen, Bedienungsfehlern u.ä. ergeben.
- Zu den Instandsetzungszeiten gehören alle Stillstandszeiten, die unmittelbar oder mittelbar auf technische Störungen an der Fertigungsanlage selbst zurückzuführen sind.
- Unter die Wartungszeit fallen alle nach Wartungsplan vorgesehenen Arbeiten wie beispielsweise Maschinenpflege, Schmierdienst u.ä.

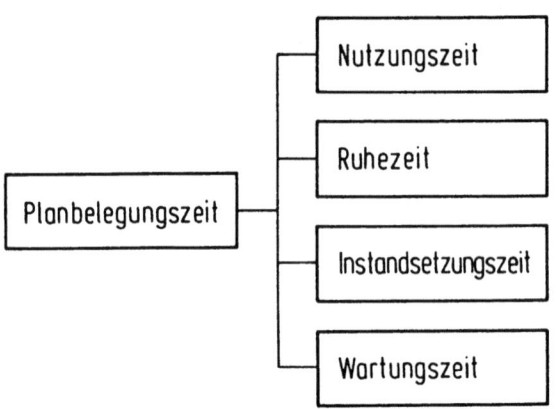

Bild 25: Gliederung von Ablaufabschnitten nach VDI 3423

4.1.4 Ablaufabschnitte im Rahmen von Verfügbarkeitsbetrachtungen

Die Gliederung der Ablaufabschnitte, die im Rahmen dieser Arbeit verwendet wird, ist in Bild 26 dargestellt. Sie ergibt sich aus einer Synthese der Ablaufgliederungen nach REFA und VDI 3423. Mit Hilfe dieser Gliederung sollen in erster Linie verfügbarkeitsmindernde Einflüsse (nicht arbeitsablaufbedingte Unterbrechungen) erkannt werden.

Für die in Bild 26 verwendeten Begriffe gelten folgende Definitionen:
- Die Planbelegungszeit ist die für den überschaubaren Zeitraum festgelegte Einsatzzeit der Maschine (nach /26/).

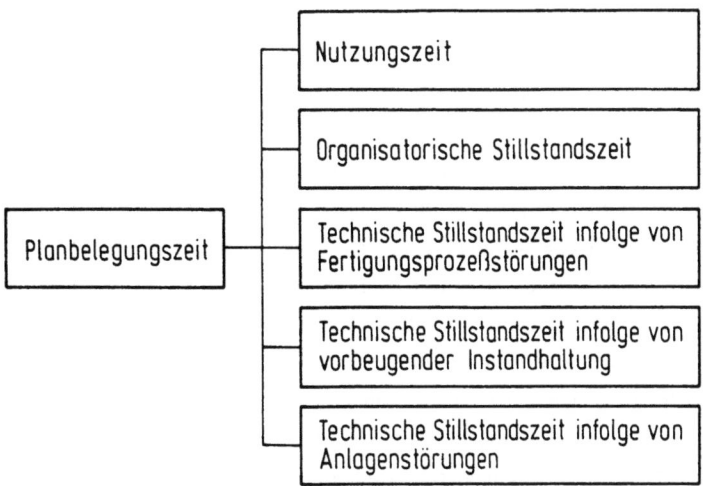

Bild 26: Gliederung von Ablaufabschnitten für Verfügbarkeitsbetrachtungen

- In die Nutzungszeit fallen bei grober Unterteilung sowohl die Ausführungszeit als auch die Rüstzeit nach /25/. Bei detaillierter Unterteilung fallen unter die Nutzungszeit nicht nur die Zeiten für Hauptnutzung, Nebennutzung und zusätzliche Nutzung, sondern auch die Zeiten für ablaufbedingtes Unterbrechen und erholungsbedingtes Unterbrechen (arbeitsablaufbedingt) nach /25/, da im Rahmen dieser Arbeit nicht die Leistungsfähigkeit eines Fertigungsmittel optimiert werden soll, sondern Ansatzpunkte für die flexible Automatisierung mit verbesserter Verfügbarkeit gesucht werden. Deshalb werden nur nicht arbeitsablaufbedingte Unterbrechungen als Störungen gewertet. Diese Betrachtungsweise deckt sich mit der VDI-Richtlinie 4004 /22/. Dort heißt es: Nicht zu den Gründen für Nichtverfügbarkeit gehören normalerweise funktionsbedingte Arbeitsunterbrechungen bei einem Einsatz wie z.B. Rüstvorgänge, Werkstoffbeschickung u.ä. Sie bestimmen dagegen die Leistungsfähigkeit einer Betrachtungseinheit, zusammen mit Merkmalen wie Arbeitsgeschwindigkeit, Arbeitsgenauigkeit, Flexibilität, anthropotechnische Eignung (z.B. Bedienbarkeit) u.ä.
- Zur organisatorischen Stillstandszeit zählen die Ablaufabschnitte außer Einsatz und störungsbedingtes Unterbrechen infolge von organisatorischen Störungen sowie das persönlich bedingte Unterbrechen nach /25/. Das persönlich bedingte

Unterbrechen ist im Unterschied zum Erholen nicht arbeitsablaufbedingt. Deshalb werden Stillstandszeiten aufgrund von persönlich bedingten Unterbrechungen als organisatorische Stillstandszeiten gewertet. Organisatorische Störungen, die zu Stillstandszeiten führen, sind beispielsweise unplanmäßige Kranwartezeiten, unplanmäßiges Warten auf Freigabe durch Kontrolle, fehlendes Personal, fehlendes Material, Bedienungsfehler, Unterbrechen der Tätigkeit durch Privatgespräche (während dessen die Maschine abgestellt wird) u.ä. Nicht zu den organisatorischen Störungen werden planmäßige Kranwartezeiten und planmäßige Kontrollarbeiten gezählt. Diese Wartezeiten fallen nach /25/ unter die Zeiten für ablaufbedingtes Unterbrechen.

- Technische Stillstandszeiten infolge von Fertigungsprozeßstörungen (Fälle von außer Einsatz und störungsbedingtem Unterbrechen nach /25/) sind beispielsweise unplanmäßige Werkzeugwechselzeiten bzw. Werkzeugkorrekturzeiten wegen frühzeitigem Verschleiß und Bruch, Stillstandszeiten aufgrund von Späneproblemen u.ä. Nicht zu den technischen Stillstandszeiten infolge von Fertigungsprozeßstörungen zählen die planmäßig auftretenden Werkzeugwechselzeiten wegen Verschleiß. Diese Werkzeugwechselzeiten fallen nach /25/ unter die Nebennutzungszeit, da sie planmäßig zur Einleitung einer weiteren Hauptnutzung erforderlich sind.
- Technische Stillstandszeiten infolge von vorbeugender Instandhaltung (Fälle von außer Einsatz nach /25/) ergeben sich beispielsweise aufgrund von vorbeugender Instandsetzung, Maschinenpflege, Schmierdienst u.ä.
- Technische Stillstandszeiten infolge von Anlagenstörungen (Fälle von außer Einsatz und störungsbedingtem Unterbrechen nach /25/) ergeben sich beispielsweise aufgrund von fehlerhaften Bauteilen (Lager, IC's, Endschalter, Dioden u.ä.), die störungsbedingte Instandsetzungsvorgänge zur Folge haben. Hierzu zählen also nur Stillstandszeiten, die unmittelbar oder mittelbar auf technische Störungen an der Fertigungsanlage selbst zurückzuführen sind. Störungsbedingte Instandsetzungszeiten aufgrund von Bedienungsfehlern zählen nicht hierzu, da die Anlagenstörungen in diesen Fällen nur eine Folge der Bedienungsfehler sind. Dies gilt auch für fehlerhafte NC-Programme, die zu Kollisionen führen. Die störungsbedingten Instandsetzungszeiten aufgrund von Bedienungsfehlern u.ä. fallen unter die organisatorische Stillstandszeit.

Damit kann mit Hilfe dieser Ablaufabschnittsgliederung der Einfluß von nicht arbeitsablaufbedingten Unterbrechungen nach dem Verursacherprinzip quantifiziert werden. Nicht arbeitsablaufbedingte Unterbrechungen können von der innerbetrieblichen Organisation, vom Fertigungsprozeß oder von der Fertigungsanlage selbst verursacht werden. Jede dieser nicht arbeitsablaufbedingten Unterbrechungen führt zu einer Verminderung der Nutzungszeit.

4.2 Verfügbarkeitsberechnungen
4.2.1 Verfügbarkeitskennwerte nach VDI-Richtline 3423
4.2.1.1 Technische Ausfallrate

Die technische Ausfallrate A_T nach /26/ gibt den Anteil der Ausfallzeiten infolge technischer Störungen (T_I) an und bezieht sich auf die um die Ruhezeit T_{Ru} und Wartungszeit T_W verminderte Planbelegungszeit T_B. Es gilt nach /26/:

$$A_T = \frac{T_I}{T_B - T_{Ru} - T_W} = \frac{T_I}{T_N + T_I} . \qquad (Gl.42)$$

4.2.1.2 Organisatorische Ausfallrate

Die organisatorische Ausfallrate A_O gibt nach /26/ den Anteil der Ausfallzeiten an, die infolge innerbetrieblicher, organisatorischer Störungen (T_{Ru}) entstehen und bezieht sich auf die um die Instandsetzungszeit T_I und Wartungszeit T_W verminderte Planbelegungszeit T_B. Es gilt nach /26/:

$$A_O = \frac{T_{Ru}}{T_B - T_I - T_W} = \frac{T_{Ru}}{T_N + T_{Ru}} . \qquad (Gl.43)$$

Die nach /26/ definierten Ausfallraten entsprechen somit nicht der Ausfallrate aus der Verfügbarkeitstheorie. Die Ausfallraten nach /26/ sind als mittlere Nichtverfügbarkeiten zu werten.

4.2.2 Verfügbarkeitsberechnungen mit zeitbezogenen Kennwerten

Bei praktischen Verfügbarkeitsberechnungen (z.B. im Rahmen von Garantievereinbarungen zwischen Anwendern und Herstellern) verwendet man zeitbezogene Kenngrößen, die Mittelwerte darstellen, die sich aus den Ergebnissen des abgelaufenen Betriebes errechnen. Dabei beruht die Berechnung der zeitintervallbezogenen Verfügbarkeit nach /27/ auf der Tatsache, daß es sich hier um den Anteil an der vorgesehenen Betriebszeit handelt, der für eine echte Nutzung verfügbar ist. Diese Definition deckt sich mit der für die mittlere Verfügbarkeit. Durch eine zeitliche Verfolgung von zeitintervallbezogenen Vergangenheitswerten (mittlere Verfügbarkeitswerte in bestimmten Zeitintervallen) ist es nach /27/ möglich, einen kurvenähnlichen Verlauf für die Verfügbarkeit anzugeben. Da bei einer Vergrößerung des betrachteten Zeitintervalls die mittlere Verfügbarkeit zur stationären Verfügbarkeit konvergiert, können die zeitbezogenen Verfügbarkeitswerte auch im Rahmen von stationären Modellbetrachtungen verwendet werden. Daraus ergibt sich die Möglichkeit, Erfahrungswerte über das Verhalten von ähnlichen Betrachtungseinheiten zu bekommen. Außerdem können die Erfahrungswerte einzelner Betrachtungseinheiten in Modelle von Systemen eingebracht werden, die aus mehreren Betrachtungseinheiten aufgebaut sind. Auf diese Weise kann mit gewisser Wahrscheinlichkeit das zukünftige Verhalten von Systemen abgeschätzt werden.

Die Modellbetrachtung beschränkt sich dabei nicht nur auf das Einbeziehen von Stillstandszeiten infolge von Anlagenstörungen, sondern ist ebenso gültig, wenn fertigungsprozeßbedingte Störungen und organisatorische Störungen mit einbezogen werden. Die Ableitung der Verfügbarkeitsmodelle in Kapitel 3 wurde am Beispiel von Stillständen aufgrund von Anlagenstörungen durchgeführt, die nicht planbare Instandsetzungen zur Folge haben, um die wesentlichen Zusammenhänge bei der Bildung von Verfügbarkeitsmodellen besser zu überblicken. Dadurch sind die grundlegenden Merkmale klarer ersichtlich. Die in Kapitel 3 erarbeiteten Modelle gelten für alle Prozesse, die als Geburts- und Todesprozesse bezeichnet werden können. Geburts- und Todesprozesse sind nach /21/ Prozesse, bei denen die Arbeits- und Stillstandszeiten exponentialverteilt sind. Da Modelle die Realität nur symbolisch und zugleich unter Beschränkung auf das Wesentliche abbilden, ist diese Annahme für die grundsätzliche Darstellung der Verfügbarkeitsproblematik von Fertigungssystemen vertretbar.

Mit Hilfe der in Abschnitt 4.1.4 definierten Ablaufabschnitte werden folgende Verfügbarkeitskenngrößen gebildet:

- Innere technische Verfügbarkeit (V_I)

  Bei der inneren technischen Verfügbarkeit werden alle Stillstandszeiten berücksichtigt, die unmittelbar oder mittelbar auf technische Störungen an der Fertigungsanlage selbst zurückzuführen sind (T_I). Als Zeitbasis werden diese Zeitanteile plus die Nutzungszeit (T_N) verwendet. Damit ergibt sich für V_I folgende Beziehung:

$$V_I = \frac{T_N}{T_N + T_I} = \frac{MUT_I}{MUT_I + MDT_I} \qquad (Gl.44)$$

(mit $MUT_I = T_N/S_I$ und $MDT_I = T_I/S_I$).

S_I: Summe der nicht arbeitsablaufbedingten Stillstände infolge von Anlagenstörungen.

In den Diagrammen und Tabellen in Kapitel 6 ist der Begriff technische Verfügbarkeit im allgemeinen mit der inneren technischen Verfügbarkeit identisch. Trifft das nicht zu, wird im Text darauf hingewiesen.

- Eingeprägte technische Verfügbarkeit (V_{I+VI})

  Bei der eingeprägten technischen Verfügbarkeit werden zusätzlich zu den Stillstandszeiten, die unmittelbar oder mittelbar auf technische Störungen an der Fertigungsanlage selbst zurückzuführen sind, noch die Stillstandszeiten infolge von vorbeugenden Instandhaltungsmaßnahmen berücksichtigt ($T_I + T_{VI}$). Als Zeitbasis werden diese Zeitanteile plus die Nutzungszeit verwendet. Damit ergibt sich für V_{I+VI} folgende Beziehung:

$$V_{I+VI} = \frac{T_N}{T_N + T_I + T_{VI}} = \frac{MUT_{I+VI}}{MUT_{I+VI} + MDT_{I+VI}} \qquad (Gl.45)$$

(mit $MUT_{I+VI} = T_N/S_{I+VI}$ und $MDT_{I+VI} = (T_I+T_{VI})/S_{I+VI}$).

S_{I+VI}: Summe der nicht arbeitsablaufbedingten Stillstände infolge von Anlagenstörungen und vorbeugenden Instandhaltungsmaßnahmen.

- Äußere technische Verfügbarkeit (V_{I+VI+P})
  Bei der äußeren technischen Verfügbarkeit werden zusätzlich zu den Stillstandszeiten infolge von Anlagenstörungen und vorbeugenden Instandhaltungsmaßnahmen noch die Stillstandszeiten infolge von Fertigungsprozeßstörungen berücksichtigt ($T_I + T_{VI} + T_P$). Als Zeitbasis werden diese Zeitanteile plus die Nutzungszeit verwendet. Damit ergibt sich für V_{I+VI+P} folgende Beziehung:

$$(Gl.46)$$

$$V_{I+VI+P} = \frac{T_N}{T_N + T_I + T_{VI} + T_P} = \frac{MUT_{I+VI+P}}{MUT_{I+VI+P} + MDT_{I+VI+P}}$$

(mit $MUT_{I+VI+P} = T_N/S_{I+VI+P}$ u. $MDT_{I+VI+P} = \dfrac{T_I+T_{VI}+T_P}{S_{I+VI+P}}$)

S_{I+VI+P}: Summe der nicht arbeitsablaufbedingten Stillstände infolge von Anlagenstörungen, vorbeugenden Instandhaltungsmaßnahmen und Fertigungsprozeßstörungen.

- Organisatorische Verfügbarkeit (V_O)

  Bei der organisatorischen Verfügbarkeit werden die Ablaufabschnitte außer Einsatz und störungsbedingtes Unterbrechen infolge von organisatorischen Störungen sowie das persönlich bedingte Unterbrechen berücksichtigt (T_O). Als Zeitbasis werden diese Zeitanteile plus die Nutzungszeit verwendet. Damit ergibt sich für V_O folgende Beziehung:

$$V_O = \frac{T_N}{T_N + T_O} = \frac{MUT_O}{MUT_O + MDT_O} \qquad (Gl.47)$$

(mit $MUT_O = T_N/S_O$ und $MDT_O = T_O/S_O$).

S_O: Summe der nicht arbeitsablaufbedingten Stillstände infolge von organisatorischen Störungen.

- Nutzungsgrad (NG)

  Beim Nutzungsgrad werden alle nicht arbeitsablaufbedingten Stillstandszeiten berücksichtigt. Als Zeitbasis werden diese Zeitanteile plus die Nutzungszeit verwendet. Damit ergibt sich für den Nutzungsgrad, der in /22/ operationelle Verfügbarkeit genannt wird, als entscheidende Kennzahl für die Wirtschaftlichkeit folgende Beziehung:

$$(Gl.48)$$

$$NG = \frac{T_N}{T_N + T_I + T_{VI} + T_P + T_O} = \frac{MUT}{MUT + MDT}$$

$$(\text{mit } MUT = T_N/S \text{ u. } MDT = \frac{T_I + T_{VI} + T_P + T_O}{S})$$

S: Summe der nicht arbeitsablaufbedingten Stillstände.

5 Darstellung von Untersuchungsergebnissen aus der industriellen Praxis

5.1 Vorbemerkungen

Zum Erfassen der Einflußgrößen auf die Nutzung von Fertigungsmitteln gibt es zwei Methoden:
- Eine sogenannte "Postprozeß"-Störungsaufnahme, bei der man die Daten durch Auswertung bereits vorhandener, von den Betrieben selbst erstellter Unterlagen über Stillstandszeiten erhält. Der Vorteil dieser Methode ist, daß man sowohl große Zeiträume als auch eine große Maschinenanzahl betrachten kann und damit statistisch aussagefähige Trends erhält. Der entscheidende Nachteil ist, daß in den Betrieben im allgemeinen nur Unterlagen über größere Instandsetzungsmaßnahmen, eventuell noch über organisatorische Stillstandszeiten vorliegen. Über technische Kleinstörungen sind in der Regel keine Unterlagen vorhanden.
- Diesen Nachteil gibt es bei Zeitaufnahmen nicht. Hier findet die Datenaufnahme durch eine dafür abgestellte Person direkt am Fertigungsmittel selbst statt. Dadurch können sämtliche Störungen lückenlos und ohne Unsicherheit in der Informationsübertragung erfaßt werden. Die Durchführung von Zeitaufnahmen ist dafür aber aufwendiger /28/.

Im Rahmen der nachfolgend beschriebenen Untersuchungen wurden beide Methoden zur Störddatenerfassung angewendet. Durch eine anschließende Auswertung und Analyse der Daten konnte eine umfangreiche Beschreibung des Ist-Zustandes durchgeführt werden. Dadurch können Tendenzen aufgezeigt werden, mit denen Anwender und Hersteller bei zunehmender flexibler Automatisierung zu rechnen haben.

5.2 Maschinenauswahl

Für die Untersuchungen (8 Untersuchungen wurden bei Werkzeugmaschinenanwendern, 5 bei Werkzeugmaschinenherstellern durchgeführt) wurden CNC-Maschinen und konventionell automatisierte Maschinen unterschiedlicher Komplexität ausgewählt. Die betrachteten CNC-Maschinen wurden zwischen 1978 und 1984 in Betrieb genommen. Bei den konventionell automatisierten Fertigungsmitteln wurden auch ältere Maschnen (ab Baujahr 1966) in die Betrachtung miteinbezogen, um einen repräsentativen Altersdurchschnitt der derzeit in Industriebetrieben laufenden Fertigungsmittel zu bekommen. Auf den überwiegend im Zweischichtbetrieb eingesetzten Maschinen werden Werkstücke spanabhebend bearbeitet. Die Maschinen stehen in nichtklimatisierten Räumen mit öl- und metallstaubhaltiger Industrieluft. Bei einigen Industrienetzen treten Oberwellenverseuchung und hochfrequente Störungen auf. Es existieren keine Wartungsverträge.

5.3 **Ergebnisse der 'Postprozeß'-Störungsaufnahmen**
5.3.1 **Einfluß der Maschinenkomplexität**

Mit Hilfe der Verfügbarkeitsmodelle in Kapitel 3 kann man zeigen, daß mit steigender Anzahl von logisch hintereinander angeordneten Komponenten die technische Verfügbarkeit sinkt, bzw. die technische Nichtverfügbarkeit steigt. Da man bei den heutigen flexiblen Maschinenkonzepten vorwiegend von logisch hintereinander angeordneten Komponenten ausgehen kann, müßte die oben gemachte Aussage mit empirisch ermittelten Verfügbarkeitsdaten von Maschinen unterschiedlicher Komplexität belegt werden können. Inwieweit Theorie und Praxis übereinstimmen, wird anhand von Ergebnissen gezeigt, die bei fünf Anwenderfirmen ermittelt wurden. Diese Ergebnisse lassen deutliche Trends erkennen.

Fall 1 (eine Anwenderfirma)
Anhand des ersten Falles (Basis: Ausfalldaten von 4 baugleichen CNC-Bearbeitungszentren, die zu Beginn des Untersuchungszeitraumes (11 Monate) 1 Jahr in Betrieb waren) wird deutlich, daß einzelne Baugruppen von CNC-Bearbeitungszentren lange mittlere störungsfreie Betriebsdauern und hohe mittlere technische Verfügbarkeitswerte aufweisen (Tabelle 2; Index T: Technische Anlagenstörungen, die nicht planbare Instandsetzungsvorgänge zur Folge haben). Faßt man die einzelnen Baugruppen zu Funktionskomplexen wie Spindeleinheiten, Achsen/Achsantriebe, Werkzeugsystem, Werkstücksystem, Hilfseinrichtungen und

Steuerung zusammen, ergeben sich für diese Funktionskomplexe kürzere mittlere störungsfreie Betriebsdauern und geringere Werte für die mittlere technische Verfügbarkeit als für die jeweils untergeordneten Baugruppen (Tabelle 3). Bemerkenswert ist, daß der Funktionskomplex, der auf Kundenanfrage konstruiert und gefertigt wurde (Spindeleinheiten), die niedrigste Einzelverfügbarkeit aller Funktionskomplexe aufweist, und während des Untersuchungszeitraumes kein Trend zur Besserung festgestellt werden konnte. Geht man noch eine Ebene höher und fügt die einzelnen Funktionskomplexe zum CNC-Bearbeitungszentrum zusammen, ergeben sich für das CNC-Bearbeitungszentrum deutlich kürzere mittlere störungsfreie Betriebsdauern und deutlich niedriger liegende Werte für die mittlere technische Verfügbarkeit (Bild 27; I: Nicht planbare Instandsetzungsvorgänge; I+W: Nicht planbare Instandsetzungsvorgänge und Wartungsmaßnahmen) als für die untergeordneten Funktionskomplexe.

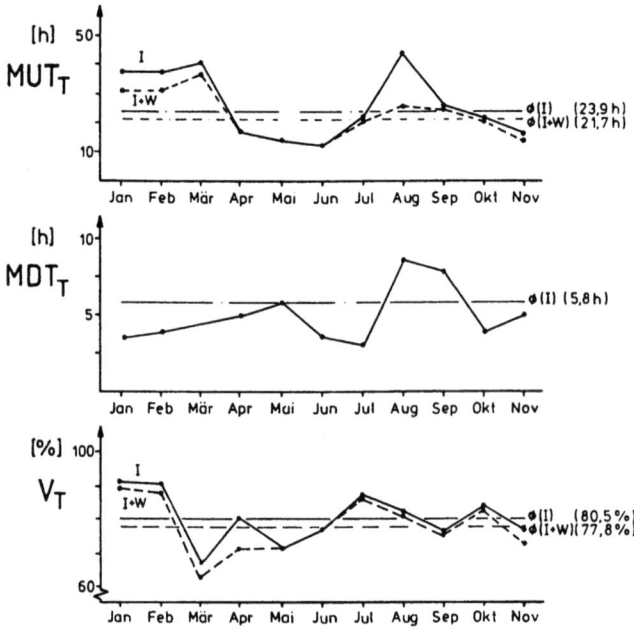

Bild 27: Mittlere störungsfreie Betriebsdauern (MUT$_T$), mittlere technische Stillstandszeiten (MDT$_T$) und mittlere technische Verfügbarkeiten (V$_T$) von CNC-Bearbeitungszentren

Ausgefallene Baugruppe	$MUT_T[h]$	$MDT_T[h]$	$V_T[\%]$
Antr. Spindeleinheiten	1171.1	3.7	99.7
Schaltgetr.u.Kupplung	520.5	9.6	98.2
Frässpindeleinheiten	2342.3	15.8	99.3
Längenabgleicheinr.	151.1	7.6	95.2
Führungen X-Achse	2342.3	21.4	99.1
Antr. u. Elektr. X	1561.5	2.6	99.8
Führungen Y-Achse	4684.5	38.4	99.2
Antr. u. Elektr. Y	1561.5	7.5	99.5
Hydr. Gewichtsausgl.	4684.5	2.0	99.9
Führungen Z-Achse	–	–	100.0
Antr. u. Elektr. Z	4684.5	4.3	99.9
Wz-Magazin u. Kod.	936.9	4.8	99.5
Wz-Wechsler	334.6	3.8	98.9
Wz-Aufnahme	4684.5	1.0	99.9
Werkstückträger	2342.3	2.7	99.9
Palettenspanneinh.	780.8	9.2	98.8
Palettenwechsler	780.6	1.6	99.8
Beschickungssystem	520.5	4.4	99.2
Energiezufuhr	–	–	100.0
Kühlmittelversorg.	246.6	2.6	98.9
Zentralschmierung	195.2	4.7	97.7
Hydrauliksystem	4684.5	1.4	99.9
Pneumatiksystem	4684.5	1.5	99.9
Entsorgung	4684.5	1.0	99.9
Kapselung	390.4	3.4	99.1
Steuerung/Bedienpult	167.3	3.4	98.0
Meßsystem	1171.1	29.5	97.5
DNC	780.8	2.1	99.7

Tabelle 2: Mittlere störungsfreie Betriebsdauern (MUT_T), mittlere technische Stillstandszeiten (MDT_T) und mittlere technische Verfügbarkeiten (V_T) von einzelnen Baugruppen

Ausgef. Funktionskomplex	$MUT_T[h]$	$MDT_T[h]$	$V_T[\%]$
Spindeleinheiten	101.8	7.8	92.5
Achsen/Achsantriebe	425.9	10.7	97.6
Werkzeugsystem	234.2	3.8	98.4
Werkstücksystem	203.7	5.0	97.6
Hilfseinrichtungen	80.8	3.6	95.8
Steuerung	123.3	5.9	95.4

Tabelle 3: Mittlere störungsfreie Betriebsdauern (MUT_T), mittlere technische Stillstandszeiten (MDT_T) und mittlere technische Verfügbarkeiten (V_T) von einzelnen Funktionskomplexen

Dieses Ergebnis war zu erwarten, da die einzelnen Funktionskomplexe der CNC-Bearbeitungszentren eine logische Serienschaltung bilden (Bild 28; die Funktionstabelle gilt nur für den Sonderfall 1 nach Abschnitt 3.2.2.1). Bei dieser logischen Serienschaltung ergibt sich nach Abschnitt 3.2.2.3 für die untere Schranke der technischen Verfügbarkeit ein Wert von

$$V_{Tu} = 0.925 * 0.976 * 0.984 * 0.976 * 0.958 * 0.954$$
$$V_{Tu} = 79.2 \%$$

und für die obere Schranke ein Wert von

$$V_{TO} = (1 + (1/0.925 - 1) + (1/0.976 - 1) +$$
$$+ (1/0.984 - 1) + (1/0.976 - 1) +$$
$$+ (1/0.958 - 1) + (1/0.954 - 1))^{-1}$$
$$V_{TO} = 80.7 \%.$$

Der empirisch ermittelte Wert für die mittlere technische Verfügbarkeit der CNC-Bearbeitungszentren liegt somit zwischen den errechneten Werten für die untere und obere Schranke:

$$V_{Tu} = 79.2 \% < V_T = 80.5 \% < V_{TO} = 80.7 \%.$$

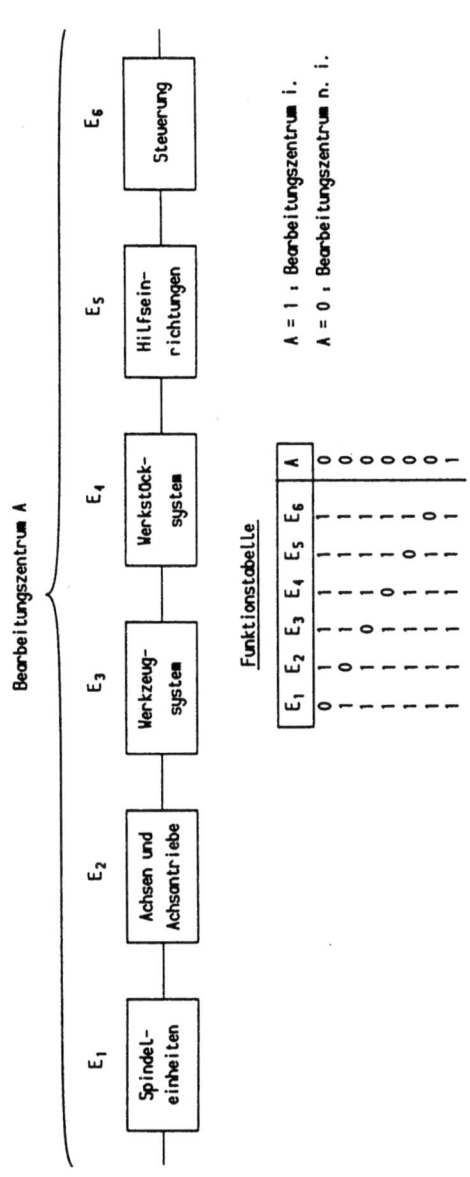

Bild 28: Logikdiagramm für ein Bearbeitungszentrum

Fall 2 (eine Anwenderfirma)

Anhand des zweiten Falles (Basis: Ausfalldaten von 10 Fertigungsanlagen, die zu Beginn des Untersuchungszeitraumes (18 Monate) 1/2 Jahr in Betrieb waren) wird gezeigt, daß die mittlere technische Verfügbarkeit mit steigender Komplexität von Fertigungsanlagen abnimmt. Hierzu werden die betrachteten Anlagen folgenden Komplexitätsgraden zugeordnet:

- Niedriger Komplexitätsgrad (1 Anlage)
  Automatisierte Bearbeitung durch die mit einer CNC-Steuerung ausgerüsteten Werkzeugmaschine. Es sind keine peripheren Einrichtungen wie Be- und Entladesysteme, Meßeinrichtungen u.ä. vorhanden.
- Mittlerer Komplexitätsgrad (6 Anlagen)
  Automatisierte Bearbeitung durch die mit einer CNC-Steuerung ausgerüsteten Werkzeugmaschine und maschinengebundene periphere Einrichtungen, die über die Steuerung beeinflußt werden können. Hierzu gehören beispielsweise Be- und Entladesysteme, schaltbare Werkzeugträger, v-Konst.-Einrichtungen, Meßeinrichtungen, AC-Systeme u.ä.
- Hoher Komplexitätsgrad (3 Anlagen)
  Automatisierte Bearbeitung und maschinenunabhängige CNC-Ladeportale, die eine oder mehrere Maschinen beschicken. Weitere maschinengebundene Zusatzeinrichtungen wie schaltbare Werkzeugträger, Meßeinrichtungen u.ä. sind möglich (Bild 29).

Stellt man mit der oben gewonnenen Zuordnung die mittlere technische Verfügbarkeit in Abhängigkeit von der Komplexität dar, ergibt sich folgende Situation (Bild 30):
- Geringe Abnahme der technischen Verfügbarkeit vom niedrigen zum mittleren Komplexitätsgrad.
- Überdurchschnittlich starker Abfall der technischen Verfügbarkeit vom mittleren zum hohen Komplexitätsgrad. Dies deutet darauf hin, daß vor allem die Kombination von mehreren sich ergänzenden Teilsystemen (CNC-Ladeportale, Transportbänder und Werkzeugmaschinen) zu einer erheblich geringeren technischen Verfügbarkeit des Gesamtsystems führt. Zusätzliche Schwierigkeiten ergeben sich durch den Prototypcharakter dieser Fertigungsanlagen, der zur

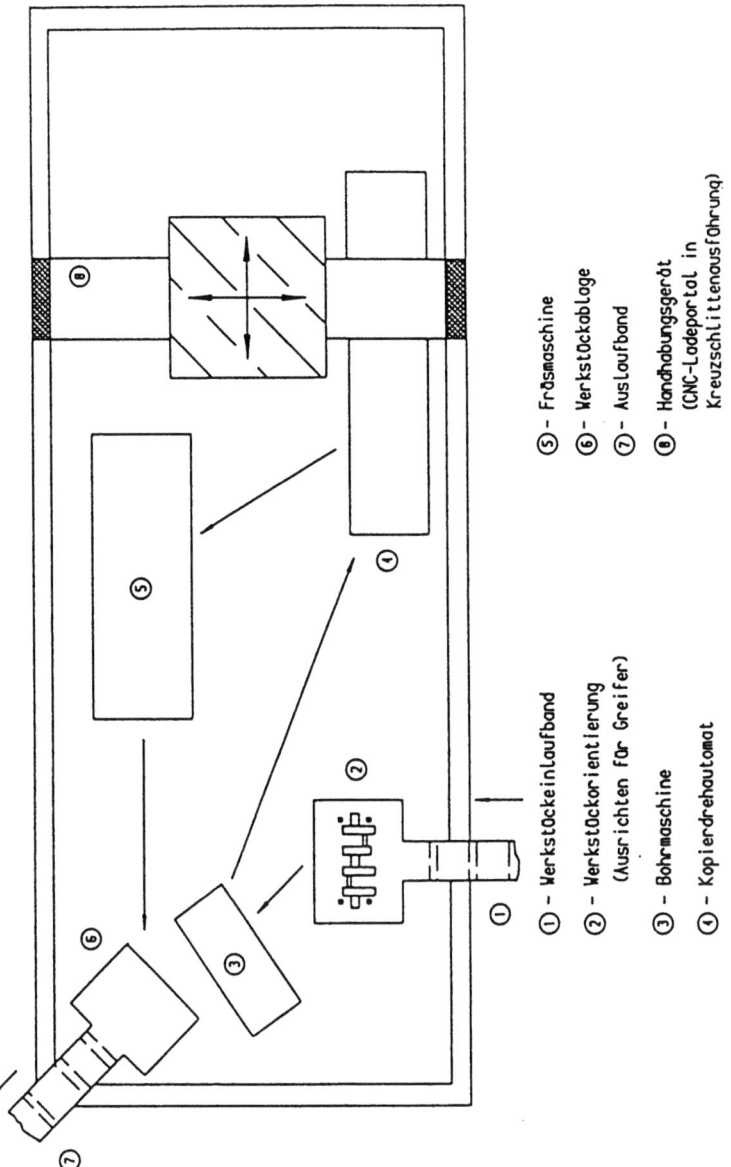

Bild 29: Verkettetes Fertigungssystem

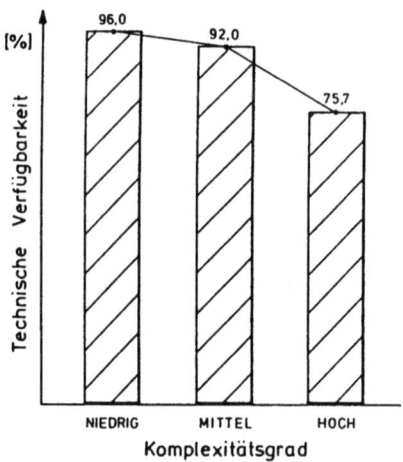

Bild 30: Technische Verfügbarkeiten von Fertigungsanlagen verschiedener Komplexität

Folge hat, daß die "Kinderkrankheiten" häufig noch nicht voll beseitigt, oft noch gar nicht bekannt sind. Außerdem wird das Rückverfolgen von Störungen auf ihre Ursachen mit steigender Komplexität der Fertigungssysteme schwieriger.

Es ist somit von Bedeutung, ob die technische Verfügbarkeit einer komplexen Anlage mit Prototypcharakter oder die eines Serienerzeugnisses behandelt wird. Beide Produktbereiche unterscheiden sich so grundsätzlich, daß eine gemeinsame Behandlung der Verfügbarkeitsprobleme nicht immer gerechtfertigt ist.

Fall 3 (eine Anwenderfirma)
Im dritten Fall (Basis: Ausfalldaten von 4 CNC-Universal-Drehmaschinen, 4 CNC-Einspindel-Drehautomaten, 3 CNC-Bohr- und Fräswerken und 6 CNC-Bearbeitungszentren, die zu Beginn des Untersuchungszeitraumes (12 Monate) zwischen 2 und 4 Jahre in Betrieb waren) werden die betrachteten Maschinen (getrennt nach Fertigungsverfahren) verschiedenen Komplexitätsgruppen zugeordnet. In Bild 31 wird diese Zuordnung am Beispiel der Drehbearbeitung gezeigt.

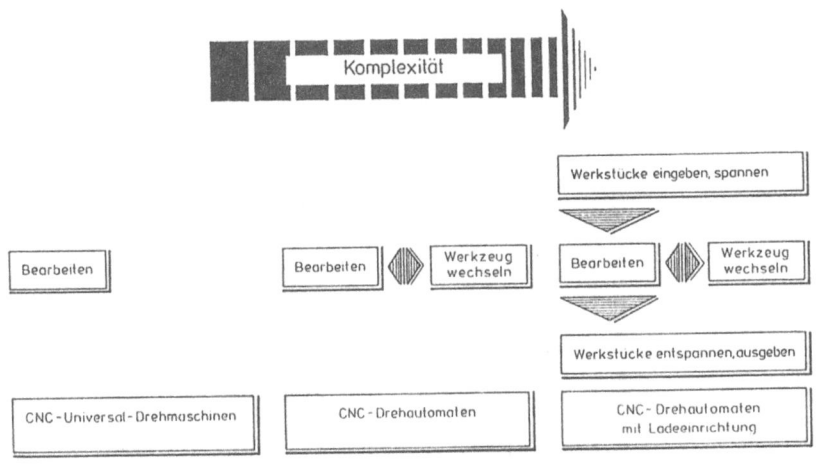

Bild 31: Komplexität bei der Drehbearbeitung

Stellt man mit Hilfe dieser Zuordnung die mittlere technische Nichtverfügbarkeit in Abhängigkeit von der Komplexität dar, ist ein Ansteigen der technischen Nichtverfügbarkeit mit zunehmender Maschinenkomplexität zu beobachten (Bild 32). Gegenüber den CNC-Bohr- und Fräswerken fällt die höhere Störanfälligkeit der hier betrachteten großen CNC-Bearbeitungszentren auf, aus der eine technische Nichtverfügbarkeit von 9,7 % resultiert. Dieser Trend wurde auch in /29/ festgestellt. Im Rahmen der in /29/ dargestellten Untersuchung (Untersuchungszeitraum: 1 Jahr) wurde für große CNC-Bearbeitungszentren eine mittlere technische Nichtverfügbarkeit von 10,2 % ermittelt. Für CNC-Bohr- und Fräswerke sowie für CNC-Einspindel-Drehautomaten wird in /29/ ein Wert von 2,8 % für die technische Nichtverfügbarkeit angegeben. Die gleich hohen Werte für CNC-Bohr- und Fräswerke sowie für CNC-Einspindel-Drehautomaten (2,8 %), die in /29/ angegeben werden, stehen nicht im Widerspruch zu den Untersuchungsergebnissen bei der hier betrachteten Anwenderfirma, da der überdurchschnittlich starke Anstieg von den CNC-Universal-Drehmaschinen zu den CNC-Einspindel-Drehautomaten

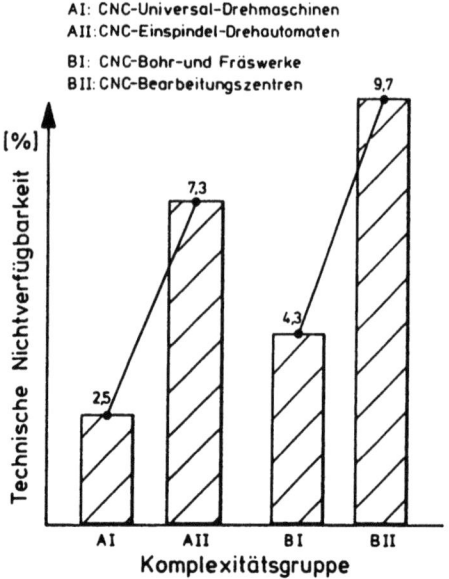

Bild 32: Technische Nichtverfügbarkeiten von CNC-Maschinen verschiedener Komplexitätsgruppen

auf zwei Großreparaturen an den CNC-Einspindel-Drehautomaten mit Stillstandszeiten von mehr als 150 Stunden zurückzuführen ist. Bleiben die beiden Großreparaturen bei der Mittelwertberechnung für die CNC-Einspindel-Drehautomaten unberücksichtigt, erhält man eine technische Nichtverfügbarkeit von 4,6 % (statt 7,3 %) für diese Komplexitätsgruppe. Dieser Wert entspricht in etwa dem für die CNC-Bohr- und Fräswerke (4,3 %). An dieser Stelle wird darauf hingewiesen, daß die in /29/ betrachteten CNC-Maschinen am Anfang ihrer Lebensdauerkurve stehen, die hier untersuchten Maschinen befinden sich dagegen voll im Bereich der Nutzungsphase (mittlerer Teil der Badewannenkurve). Deshalb müßten die bei der hier betrachteten Anwenderfirma ermittelten technischen Nichtverfügbarkeitswerte niedriger als die in /29/ angegebenen sein, da Maschinen, deren Betriebsdauer bereits zwischen 2 und 4 Jahren liegt, von der Instandhaltung in der Regel voll beherrscht werden und die "Kinderkrankheiten" beseitigt sind. Die dennoch

niedrigeren (bei CNC-Bohr- und Fräswerken sowie CNC-Einspindel-Drehautomaten) bzw. annähernd gleich hohen Werte (bei CNC-Bearbeitungszentren), die in /29/ für die technische Nichtverfügbarkeit angegeben werden, können zum Teil darauf zurückgeführt werden, daß die in /29/ beschriebene Untersuchung bei einer Anwenderfirma durchgeführt wurde, bei der ein Anteil von 22 % der Instandhaltungskosten für vorbeugende Maßnahmen entsteht /30/. In der hier betrachteten Anwenderfirma wird dagegen keine nennenswerte vorbeugende Instandhaltung betrieben. Dies hat in der Regel eine Zunahme der störungsbedingten Instandsetzungen und daraus resultierende längere Stillstandszeiten als bei geplanten Instandhaltungsmaßnahmen zur Folge. Außerdem haben bei der in /29/ betrachteten Anwenderfirma neben der vorbeugenden Instandhaltung auch folgende Maßnahmen zur Erhöhung der technischen Verfügbarkeit beigetragen:
- Einsatz eines Informationssystems, das mit vertretbarem Aufwand vorhandene oder mögliche Schwachstellen zeigt.
- Die gute Verfügbarkeit der Ersatzteile durch die von den Herstellern geforderte Vereinheitlichung der Verschleißteile.

Die Instandhaltung hat also einen nicht zu unterschätzenden Einfluß auf das Produktionsergebnis.

Fall 4 (eine Anwenderfirma)
Da sich die Behauptung, daß mit ansteigender Maschinenkomplexität die technische Verfügbarkeit sinkt, bzw. die technische Nichtverfügbarkeit steigt, bei drei Anwenderfirmen bestätigt hat, muß geklärt werden, wie bei komplexen Fertigungsanlagen dennoch eine hohe zeitliche Nutzung erreicht wird. Außerdem sind die Ausfallursachen interessant, die zu den vom Anwender als technische Stillstandszeiten bezeichneten Ablaufabschnitten geführt haben. Dies wird anhand des vierten Falles gezeigt (Basis: Ausfalldaten von 2 CNC-Universal-Drehmaschinen, 7 CNC-Einspindel-Drehautomaten, 5 CNC-Zweispindel-Drehautomaten, 4 CNC-Zweispindel-Drehautomaten mit Ladeeinrichtung, 3 CNC-Bearbeitungszentren mit Koordinatentisch und 3 CNC-Bearbeitungszentren mit Drehtisch, die zu Beginn des Untersuchungszeitraumes (Garantiezeit) in Betrieb genommen wurden). Hierzu

werden die einzelnen Maschinen wie im dritten Fall verschiedenen Komplexitätsgruppen (getrennt nach Fertigungsverfahren) zugeordnet.

Stellt man mit Hilfe dieser Zuordnung die Nichtverfügbarkeiten bzw. Stillstandszeiten in Abhängigkeit von der Komplexität dar, zeichnet sich folgende Situation ab (Bilder 33 bis 35):
- Mit zunehmender Komplexität der Fertigungsmittel ist ein Ansteigen der technischen Nichtverfügbarkeit bzw. Stillstandszeit zu beobachten. Der überdurchschnittlich starke Anstieg von den CNC-Einspindel-Drehautomaten zu den CNC-Zweispindel-Drehautomaten weist zusätzlich auf Einlaufprobleme bei Nullserien- und Sondermaschinen (Prototypcharakter) hin.
- Je komplexer und damit kapitalintensiver die Fertigungsmittel werden, umso größer ist das Bestreben des Anwenders, die organisatorische Nichtverfügbarkeit bzw. Stillstandszeit zu verringern. Dadurch kann der Nutzungsgrad dieser Fertigungsmittel auf dem Niveau der weniger komplexen CNC-Maschinen gehalten werden.

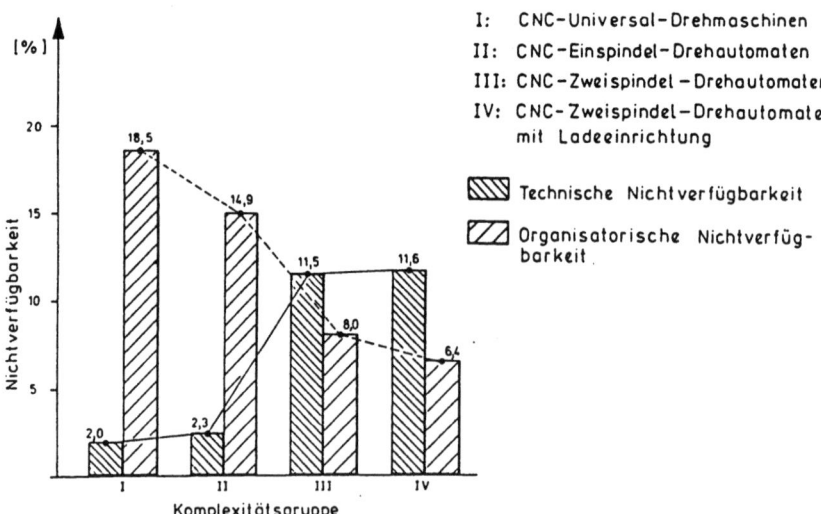

Bild 33: Nichtverfügbarkeiten von CNC-Drehmaschinen verschiedener Komplexitätsgruppen

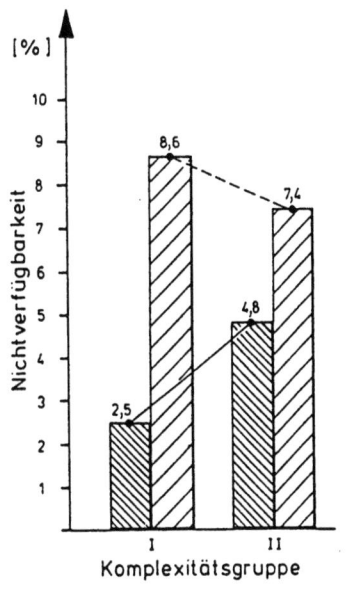

Bild 34: Nichtverfügbarkeiten von CNC-Bearbeitungszentren verschiedener Komplexitätsgruppen

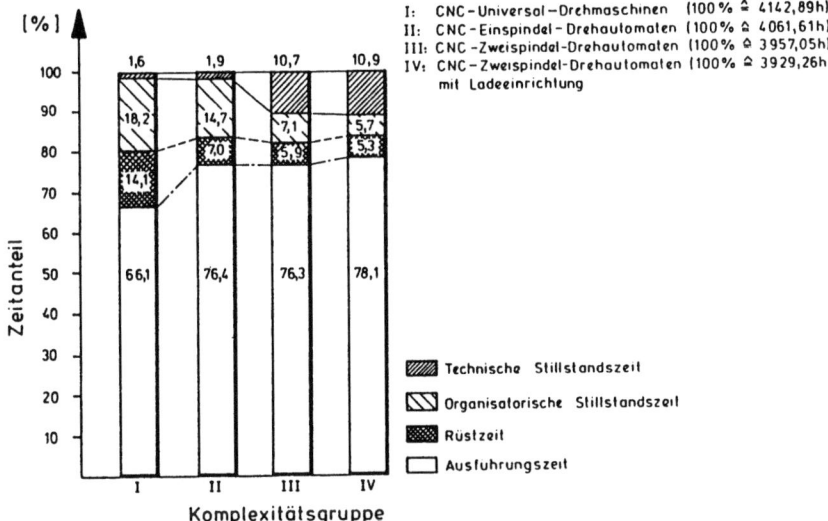

Bild 35: Zeitanteile von CNC-Drehmaschinen verschiedener Komplexitätsgruppen

Teilt man die technischen Stillstandszeiten weiter auf, zeichnen sich für CNC-Drehmaschinen folgende Trends ab (Bild 36):

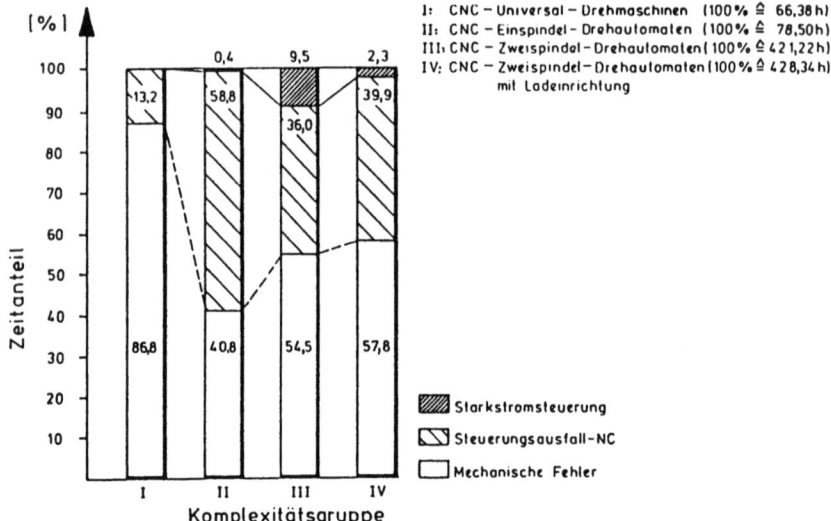

Bild 36: Zeitanteile technischer Ausfallursachen von CNC-Drehmaschinen verschiedener Komplexitätsgruppen

- Bei den CNC-Universal-Drehmaschinen wird ein hoher Anteil an der technischen Stillstandszeit durch mechanische Fehler verursacht. Die häufigen Bedingungsänderungen, denen diese Maschinen aufgrund der Bearbeitung von vielen unterschiedlichen Werkstücken in Losgrößenbereichen von 10 bis 50 Stück unterliegen, könnten ein Grund dafür sein. Darauf deuten die Ausfallursachen Bedienungs- oder Einstellfehler und Überlastung hin.
- Von den CNC-Einspindel-Drehautomaten zu den CNC-Zweispindel-Drehautomaten steigt der Anteil an der technischen Stillstandszeit, der durch mechanische Fehler hervorgerufen wird. Folgende Ursachen sind denkbar:
    * Eine größere Anzahl von Freiheitsgraden und damit auch von bewegten Bauteilen bei den komplexeren CNC-Zweispindel-Drehautomaten. Dieses Ergebnis deckt sich mit einer Aussage in /31/, wonach der Anteil mechanisch be-

dingter Störungen bei einer größeren Anzahl von Freiheitsgraden besonders groß ist.
* Zusätzliche Stillstandszeiten bei den CNC-Zweispindel-Drehautomaten durch verschleißverursachende Maschinenelemente, die noch nicht optimal ausgelegt sind. Darauf deuten die Ausfallursachen Alterung und Verschleiß hin.

Da 6 der 9 CNC-Zweispindel-Drehautomaten Nullserienmaschinen (zwei davon mit Sonderladeeinrichtung) sind, deutet dieses Ergebnis an, daß mechanische Fehler umso häufiger auftreten, je mehr es sich bei einer CNC-Maschine nicht um ein ausgereiftes Serienprodukt handelt. Dieser Trend wurde auch in /31/ festgestellt.

Bei den CNC-Bearbeitungszentren ergibt sich tendenziell ein ähnliches Bild wie bei den CNC-Drehmaschinen /5/.

Fall 5 (eine Anwenderfirma)
Anhand des fünften Falles (Basis: Ausfalldaten von 9 baugleichen CNC-Einspindel-Drehautomaten, die zu Beginn des Untersuchungszeitraumes (34 Wochen) 4 Jahre in Betrieb waren) werden einige Trends, die in den vorangegangenen Fällen bereits festgestellt wurden, bestätigt. Bei den betrachteten Maschinen handelt es sich um CNC-Einspindel-Drehautomaten, die der Maschinenhersteller selbst betreibt.

Stellt man für diese Maschinen die Nichtverfügbarkeiten bzw. Stillstandszeiten graphisch dar, ergibt sich folgende Situation (Bilder 37 und 38):
- Niedrige Werte für die technische Nichtverfügbarkeit bzw. Stillstandszeit.
- Hohe Werte für die organisatorische Nichtverfügbarkeit bzw. Stillstandszeit.

Die niedrigen Werte für die technische Nichtverfügbarkeit bzw. Stillstandszeit sind auf folgende Ursachen zurückzuführen:
- Bei den betrachteten Maschinen handelt es sich um Serienerzeugnisse mit niedriger Komplexität.
- Das Durchschnittsalter von vier Jahren schließt Störungen aus, die während der Einlaufphase vermehrt auftreten ("Kinderkrankheiten").

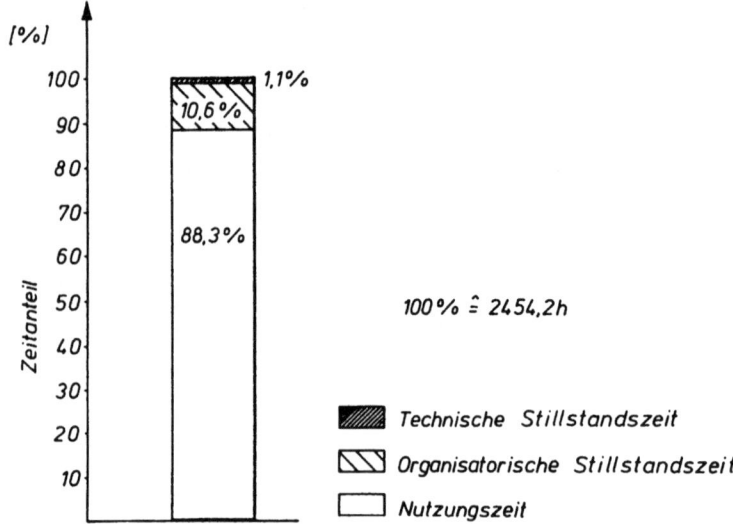

Bild 37: Zeitanteile von CNC-Einspindel-Drehautomaten

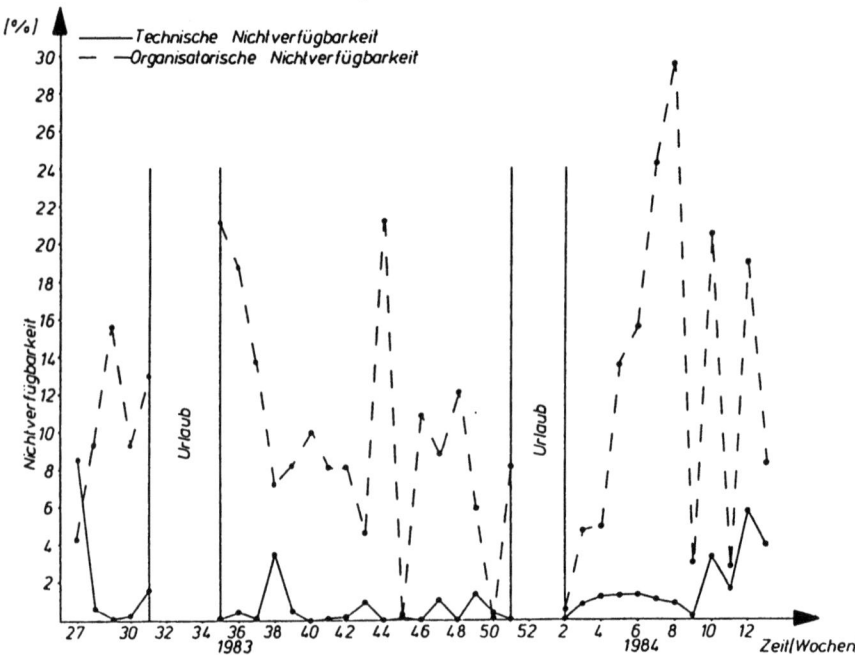

Bild 38: Nichtverfügbarkeiten von CNC-Einspindel-Drehautomaten

- Die Stillstandszeiten aufgrund elektrischer und mechanischer Instandsetzungen sind in der Regel kürzer als bei der in Fall 4 betrachteten Anwenderfirma, da es Instandhaltungsspezialisten für diese Maschinen gibt, die Verschleißteile bekannt und die Ersatzteile vorhanden sind. Die Instandsetzung von Störungen geht also relativ schnell.
- Die eingeführte vorbeugende Instandhaltung trägt zusätzlich zu dem sehr guten Ergebnis bei.

Zusammenfassend kann gesagt werden, daß die technische Verfügbarkeit (bzw. Nichtverfügbarkeit) von flexibel automatisierten Fertigungsanlagen mit steigender Anzahl von logisch hintereinander angeordneten Komponenten sinkt (bzw. steigt; Bilder 39 und 40). Mit einer überdurchschnittlichen Abnahme der technischen Verfügbarkeit ist bei noch nicht ausgereiften Fertigungsanlagen zu rechnen.

Neben der steigenden Komplexität sind für die relativ niedrige technische Verfügbarkeit von flexibel automatisierten Fertigungsanlagen aber auch fehlende Instandhaltungsstrategien verantwortlich. Häufig nehmen Anwenderfirmen weitgehend unvorbereitet kapitalintensive Fertigungsanlagen ab.

Eine hohe technische Verfügbarkeit solcher Anlagen ist aber nicht gewährleistet, wenn beispielsweise die Instandhaltung des Anwenders nicht in der Lage ist,
- durch eine vorbeugende Instandhaltungsstrategie die Anzahl der Störungen zu reduzieren und
- die dennoch auftretenden Störungen rasch zu beheben.

Das Warten auf die nächste Störung als alleinige Instandhaltungsstrategie ist nicht mehr mit den heutigen Verfügbarkeitsforderungen für kapitalintensive Fertigungssysteme in Einklang zu bringen. Im Rahmen der durchgeführten Untersuchungen konnte festgestellt werden, daß der Anwender einer flexiblen Fertigungsanlage mindestens ebensoviel zu einen störungsarmen Betrieb beitragen kann wie der Hersteller.

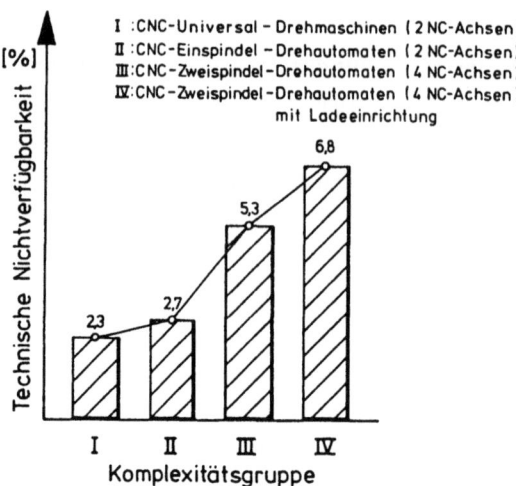

Bild 39: Technische Nichtverfügbarkeiten (durchschnittliche Abweichung: ± 2 %) von CNC-Drehmaschinen im Bereich der Nutzungsphase

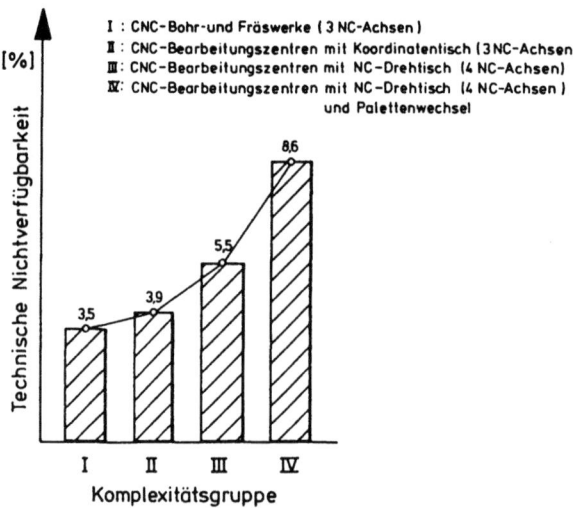

Bild 40: Technische Nichtverfügbarkeiten (durchschnittliche Abweichung: ± 2 %) von CNC-Bohr- und Fräswerken und -Bearbeitungszentren im Bereich der Nutzungsphase

5.3.2 Ausgefallene Baugruppen und -elemente sowie ihre Ausfallursachen

In Abschnitt 5.3.1 wurde der Einfluß von steigender Anlagenkomplexität auf das Ausfallverhalten von flexibel automatisierten Fertigungsmitteln dargestellt. Es wurde festgestellt, daß komplexere Anlagen im allgemeinen niedrigere technische Verfügbarkeitswerte aufweisen als weniger komplexe. In diesem Abschnitt werden die Baugruppen und -elemente beschrieben, die den größten Einfluß auf das Ausfallverhalten von flexibel automatisierten Fertigungsmitteln haben sowie die Ausfallursachen, die am häufigsten zu einem Versagen von einzelnen Baugruppen und -elementen führen. In Veröffentlichungen wird insbesondere auf den dominierenden Anteil der Störungen durch periphere Einrichtungen (z.B. Werkzeug- und Werkstückhandhabungseinrichtungen) sowie auf den großen Anteil von Störungen durch mechanische Schaltelemente hingewiesen /32/, /33/. Nach einer in /33/ beschriebenen Untersuchung verursachen mechanische Schaltelemente (z.B. Druckschalter, Niveauschalter, Endschalter u.ä.) an Transfermaschinen etwa ein Drittel aller Störfälle. Andererseits wurden durch hohe Integrationsdichten von Halbleiterbauteilen herkömmliche Ausfallursachen in der Steuerung (z.B. schlechte Lötstellen, abgeknickte Drähte, Übergangswiderstände an Kontakten u.ä.) um ein wesentliches Maß verringert /34/. Bis ungefähr 1978 wiesen numerische Steuerungen im Durchschnitt 0,1 Fehlfunktionen je Monat und Einheit auf, d.h., etwa nach 10 Monaten war mit einer Fehlfunktion je Einheit zu rechnen. Heutige CNC-Steuerungen weisen nur noch 0,03 Fehlfunktionen je Monat und Einheit bzw. eine Störung alle 33 Monate auf /35/, d.h., die CNC-Steuerungen haben keinen großen Anteil mehr an der Gesamtzahl der Störfälle von flexibel automatisierten Fertigungsmitteln. Inwieweit sich diese Aussagen bestätigen, wird anhand von Ergebnissen gezeigt, die bei drei Anwender- und fünf Herstellerfirmen ermittelt wurden.

Fall 1 (eine Anwenderfirma)
Betrachtet man in Fall 1 die ausgefallenen Baugruppen von CNC-Vierspindel-Bearbeitungszentren sowie ihre Ausfallursachen, zeichnet sich folgende Situation ab (Tabelle 4; Basis: Ausfalldaten von 4 baugleichen CNC-Bearbeitungszentren; Untersuchungszeitraum: 11 Monate):

Ausgef.Baugr.	Technische Ausfallursache					H [%]
	el.V.	me.V.	hy./pn.V.	Schmutz	unb.	
	Häufigkeit					
Antr.Spindel	4	0	0	0	0	2.0
Getr.u.Kuppl.	0	3	0	2	4	4.6
Spindeleinh.	0	1	0	1	0	1.0
Längenabgl.	9	4	0	5	13	15.8
Führungen X	0	2	0	0	0	1.0
Antr.u.El.X	2	0	0	0	1	1.5
Führungen Y	0	1	0	0	0	0.5
Antr.u.El.Y	3	0	0	0	0	1.5
Hy.Gew.Ausgl.	0	0	1	0	0	0.5
Führungen Z	0	0	0	0	0	0.0
Antr.u.El.Z	1	0	0	0	0	0.5
Wz-Mag.u.Kod.	4	0	0	1	0	2.6
Wz-Wechsler	7	5	0	1	1	7.2
Wz-Aufnahme	0	1	0	0	0	0.5
Wst.-Träger	0	0	0	0	2	1.0
Palett.Spann.	2	2	2	0	0	3.1
Palett.Wechs.	1	2	0	2	1	3.1
Beschick.Sys.	1	0	0	0	8	4.6
Energiezuf.	0	0	0	0	0	0.0
Kühlmitt.Ver.	0	0	1	16	2	9.7
Schmierung	1	8	7	4	4	12.3
Hydraulik	0	0	1	0	0	0.5
Pneumatik	0	0	1	0	0	0.5
Entsorgung	0	1	0	0	0	0.5
Kapselung	1	5	0	4	2	6.1
Strg./Bedpu.	27	0	0	0	1	14.3
Meßsystem	3	0	0	0	1	2.0
DNC	5	1	0	0	0	3.1
H [%]	36.2	18.4	6.6	18.4	20.4	100.0

Tabelle 4: Ausgefallene Baugruppen und ihre technischen Ausfallursachen
(el.V.: elektr. Versagen; me.V.: mechan. Versagen; hy./pn.V.: hydraul./pneumat. Versagen; unb.: Unbekannt; H: Häufigkeit)

* Ausgefallene Baugruppen (Fehlerortanalyse)

  Hier werden die einzelnen Baugruppen (z.B. Werkzeugmagazin, Werkzeugwechsler u.ä.) betrachtet, deren Versagen zu Ausfällen der untersuchten CNC-Bearbeitungszentren geführt hat.
  - Die Längenabgleicheinrichtung zum Verstellen der Werkzeuge fällt am häufigsten aus. Ein großer Teil der hierfür verantwortlichen Störungen wird dadurch verursacht, daß der Längenabgleich in der Regel nach thermisch bedingten Dehnungen neu eingestellt werden muß. Die hohe Anzahl von Störungsmeldungen deutet auf eine konstruktive Schwachstelle hin. In diesem Fall ist es offensichtlich nicht gelungen, durch konstruktive Maßnahmen die thermischen Verformungen, die aufgrund des Mehrspindelprinzips verstärkt auftreten, möglichst gering zu halten.
  - Am zweithäufigsten fällt die Steuerung (einschließlich Bedienpult) aus. Von 28 Ausfällen sind 10 auf Störungen zurückzuführen, die einmal im Programmlauf auftreten, nach einem Neustart aber nicht mehr festzustellen sind. Zehnmal mußte eine Karte getauscht werden (defekte Halbleiterbauelemente), was einem Ausfallhäufigkeitsanteil von etwa 5 % an der Gesamtausfallzahl entspricht. Als Ausfallursachen bei den Halbleiterbauelementen sind Strom- oder Spannungsspitzen, hohe Betriebstemperaturen u.ä. denkbar. Die restlichen Störungen wurden durch unterbrochene Drähte, schlechte Steckverbindungen und defekte Relais (bzw. Schütze) verursacht.
  - Die Zentralschmierung ist für etwa 12 % der Ausfälle verantwortlich. Ein Teil der aufgetretenen Ausfälle wäre vermeidbar gewesen, wenn der Anwender Arbeiten wie Wechseln von Öl, Reinigen bzw. Auswechseln von Filtern u.ä. intensiver in die Wartung integriert hätte.
  - Die Kühlmittelversorgung nimmt einen Anteil von etwa 10 % an den Gesamtausfällen ein. Die häufigste Ausfallursache ist Verschmutzung. Bei der Bearbeitung von Werkstücken aus Titan fallen sehr feine Späne an, die kritische Stellen des Kühlmittelkreislaufes verstopfen.
  - Beim Werkzeugwechsler (und bei anderen Baugruppen) fällt die hohe Anzahl von defekten und verstellten Endschaltern auf.
  - Faßt man die Störungen durch periphere Einrichtungen wie Werkzeugmagazin, Werkzeugwechsler, Palettenspanneinheit, Palettenwechsler und

Beschickungssystem zusammen, ergibt sich ein Ausfallhäufigkeitsanteil von etwa 21 % an der Gesamtausfallzahl. Dieses Teilergebnis zeigt, daß zusätzliche periphere Einrichtungen an den Maschinen zu einer Erhöhung der Gesamtausfallhäufigkeit beitragen.

* Ausfallursachen (Fehlerursachenanalyse)

   Hier werden die einzelnen Ursachen (z.B. Bedienerfehler, 'elektrisches Versagen', Verschmutzung u.ä.) betrachtet, die zum Versagen von Baugruppen geführt haben.

   - Die häufigste Ausfallursache ist 'elektrisches Versagen' (etwa 36 % Ausfallhäufigkeitsanteil). Mit einer mittleren störungsfreien Betriebsdauer von 64.2 Stunden tritt elektrisches Versagen etwa doppelt so oft auf als mechanisches Versagen mit einer mittleren störungsfreien Betriebsdauer von 117.1 Stunden. Mechanisches Versagen führt aber in der Regel zu langen mittleren Stillstandszeiten.

   - Die Schadensbilder von acht Ausfällen deuten auf Kollisionen infolge von Fehlbedienung hin (etwa 4 % Ausfallhäufigkeitsanteil). In den Reparaturprotokollen wurde allerdings kein einziger Bedienfehler ausgewiesen. Bei diesen Ausfällen wurde von den Instandhaltern als Ausfallursache entweder 'mechanisches Versagen' oder 'Unbekannt' angegeben.

<u>Fall 2</u> (eine Anwenderfirma)

Betrachtet man in Fall 2 die ausgefallenen Baugruppen und -elemente von CNC-Drehmaschinen und -Bearbeitungszentren sowie ihre Ausfallsachen, erkennt man folgende Trends (Bilder 41 bis 43; Basis: Ausfalldaten von 19 CNC-Drehmaschinen und 9 CNC-Bearbeitungszentren; Untersuchungszeitraum: Garantiezeit):

* Ausgefallene Baugruppen und -elemente (Fehlerortanalyse)

   Hier werden die einzelnen Baugruppen (z.B. Werkzeugträger, Werkzeugmagazin u.ä.) und Bauelemente (z.B. Endschalter/Taster, Kupplungen u.ä.) betrachtet, deren Versagen zu Ausfällen der untersuchten CNC-Drehmaschinen und -Bearbeitungszentren geführt hat.

   - Unbekannte Funktionsstörungen der Steuerung führen sowohl bei den CNC-Drehmaschinen als auch bei den CNC-Bearbeitungszentren häufig zu Ausfällen. Als Ursachen sind beispielsweise 'Schalterprellen' oder Störungen vom Netz denkbar. Charakteristisch für diese Störungen ist, daß sie einmal im Programmlauf auftreten, nach einem Neustart aber nicht mehr festzustellen sind. Diese Ausfälle weisen auf eine nicht ausreichende Fremdstörsicherheit hin. Sie werden der Ausfallursache 'elektrisches Versagen' zugeordnet.

- Bei den CNC-Drehmaschinen ist der Werkzeugträger die Baugruppe, die am häufigsten ausfällt. Dies ist nur zum Teil durch technische Fehler bedingt. Der Werkzeugträger fällt häufig durch Bedienungsfehler, Schaltfehler und Überlastung aus, was darauf hindeutet, daß die Schäden an den Revolvern oft Folgefehler sind. Dies wurde auch in /15/ festgestellt.
Zwei technische Fehler fielen auf:
  * Bei der Aushebebewegung fallen Späne in die Verzahnung und blockieren den Revolver.
  * Bei elektrisch schaltenden Revolvern traten Kontaktprobleme durch den Einfluß des Kühlmittels auf.
- Bei den CNC-Bearbeitungszentren führt das Werkzeugmagazin neben den unbekannten Funktionsstörungen der Steuerung am häufigsten zu Ausfällen (etwa 9 % Ausfallhäufigkeitsanteil), d.h., nimmt der Umfang der Peripherie (Werkzeugmagazin, Werkzeugwechsler, Bohrkopfwechsler, Palettenzuführung u.ä.) an den Maschinen zu, schafft man damit weitere Bereiche, die ausfallen können.
- Bei den CNC-Bearbeitungszentren nehmen außerdem Ausfälle der Werkzeugspannung (Werkzeugspannzeuge, Spannzylinder, Zugstange) einen Anteil von etwa 7 % an der Gesamtausfallzahl ein. Diese Ausfälle sind ähnlich wie beim Werkzeugträger der CNC-Drehmaschinen nur zum Teil durch technische Fehler bedingt. Vor allem die Werkzeugspannzeuge fallen häufig durch Kollisionen aufgrund von Fehlbedienung und wegen fehlerhafter NC-Programme aus. Außerdem führen verschmutzte Werkzeugkegel zu Problemen bei der Werkzeugspannung. Die oben gemachten Aussagen treffen zum Teil auch für Ausfälle des Tisches und der Werkstückaufnahme zu.
- Schaltende Elemente stellen Schwachstellen dar. Insbesondere Endschalter sind häufig defekt, verschmutzt oder verstellt.

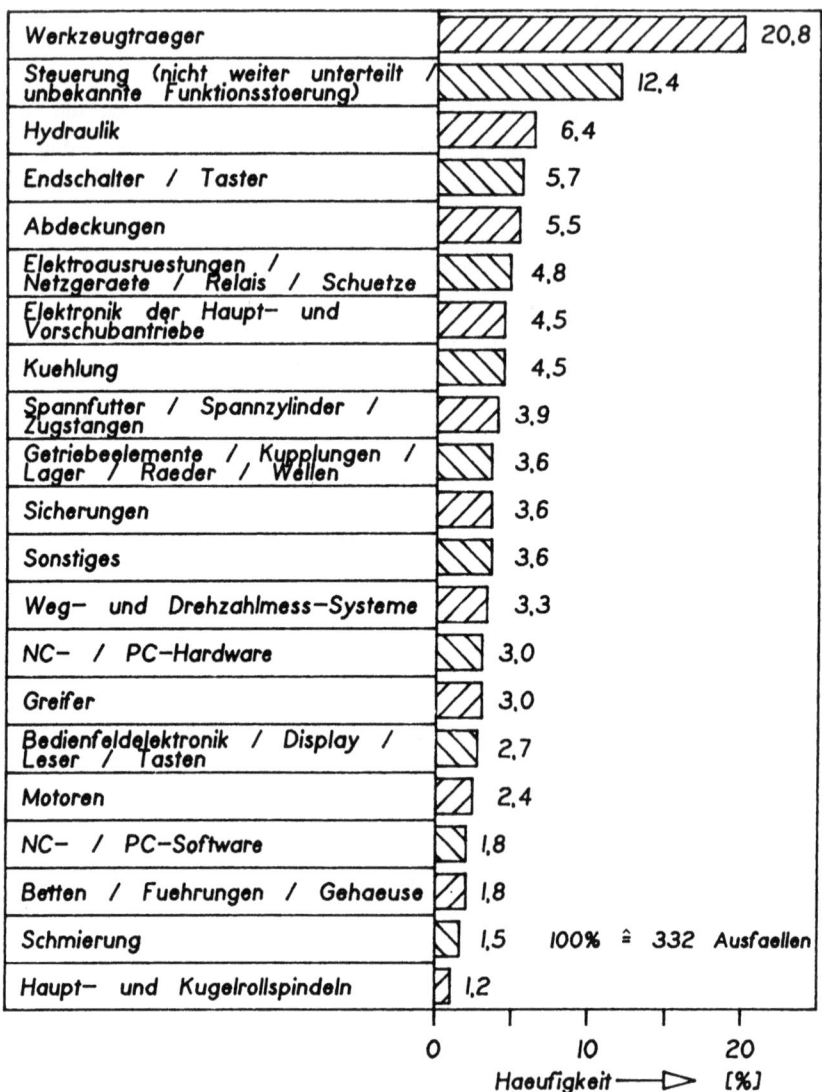

Bild 41: Ausgefallene Baugruppen und -elemente an CNC-Drehmaschinen

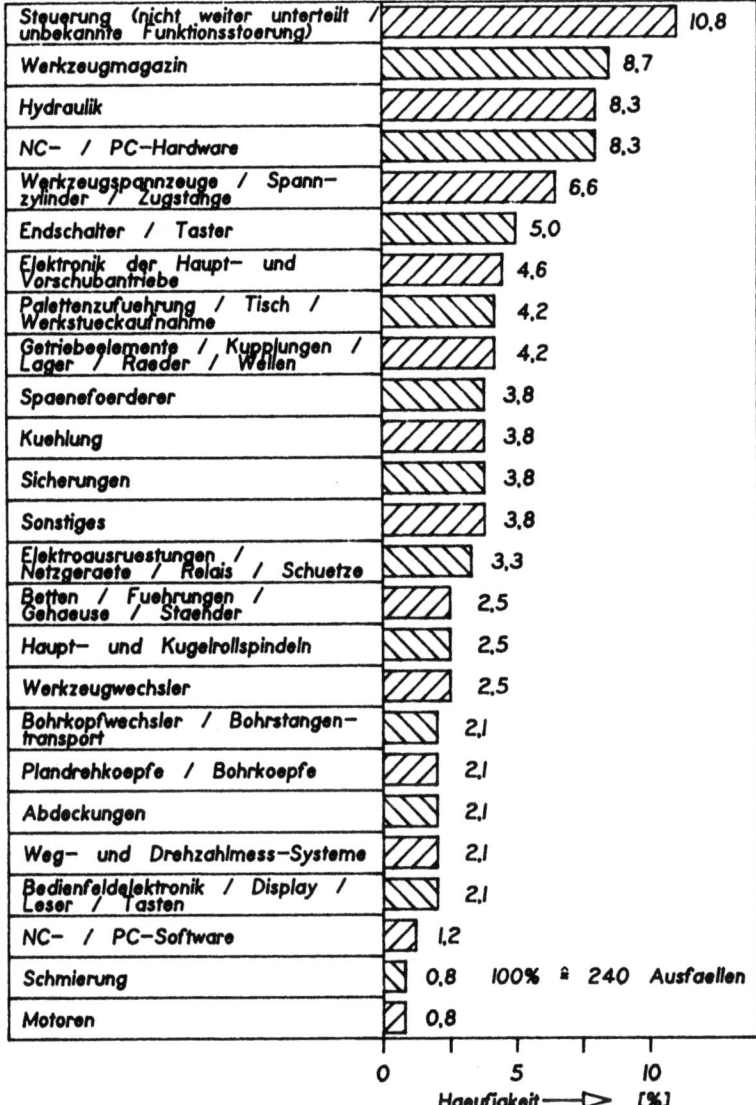

Bild 42: Ausgefallene Baugruppen und -elemente an CNC-Bearbeitungszentren

- Die Karten der NC-(CNC-) und der PC-(speicherprogrammierbaren) Steuerung müssen in der Regel nicht häufig getauscht werden. Eine Ausnahme bildet nur das CNC-Sonderbearbeitungszentrum mit sechs NC-Achsen und drei Werkzeugmagazinen. Der häufige Austausch von Karten der NC- und PC-Steuerung (Prototypcharakter) bei dieser Maschine ist hauptsächlich für den ungewöhnlich hohen Ausfallhäufigkeitsanteil der NC-/PC-Hardware (etwa 8 %) bei den CNC-Bearbeitungszentren verantwortlich.
- Keine allzu großen Probleme (jeweils unter 3 % Ausfallhäufigkeitsanteil) bereiten außerdem Betten, Führungen, Gehäuse, Ständer, Hauptspindeln, Kugelrollspindeln, Motoren und Schmiermitteleinrichtungen.

* Ausfallursachen (Fehlerursachenanalyse)

Hier werden die einzelnen Ursachen (z.B. Alterung/Verschleiß, Bedienerfehler, Verschmutzung u.ä.) betrachtet, die zum Versagen von Baugruppen und Bauelementen geführt haben.

- Die häufigste Ausfallursache ist "elektrisches Versagen" (etwa 38 % Ausfallhäufigkeitsanteil).
- Die relativ früh auftretenden Alterungs- und Verschleißmerkmale (etwa 11% Ausfallhäufigkeitsanteil) gepaart mit der Angabe des Vorhandenseins von Konstruktions- und Herstellmängeln (etwa 9 % Ausfallhäufigkeitsanteil) zeigen, daß unter den betrachteten Fertigungsmitteln Nullserien- und Sondermaschinen sind.
- Von der Ausfallursache Verschmutzung (etwa 8 % Ausfallhäufigkeitsanteil) sind besonders Kühlmittelventile, Kühlmittelrohre, Meßsysteme, Schmiermittelleitungen und Spannfutter betroffen.
- Der Anteil von Ausfällen, der mit Sicherheit auf menschliche Einflüsse (Bedienungs-/ Einstellfehler, Schaltfehler, Überlastung, Instandhaltungsmängel) zurückzuführen ist, beträgt 14,5 %. Zusätzlich deuten die Schadensbilder weiterer Ausfälle auf Kollisionen infolge von Fehlbedienung hin. Bei diesen Ausfällen wurde von den Instandhaltern immer als Ausfallursache "Unbekannt" angegeben. Die Ausfallursache "Unbekannt" hat einen Häufigkeitsanteil von etwa 20 %. Von diesen 20 % ist wahrscheinlich die Hälfte auf Kollisionen infolge von Fehlbedienung zurückzuführen. Damit ist der Mensch mit einem Ausfallhäufigkeitsanteil von etwa 25 % eine wesentliche

Ausfallursache. Er vergibt entweder aufgrund von Unaufmerksamkeit falsche Schnittdaten oder Werkzeugverfahrwege an die Steuerung oder verursacht durch allgemeine Bedienungsfehler Kollisionen. Die dabei auftretenden Schäden sind oft erheblich, so daß Überwachungseinrichtungen, die Kollisionen vermeiden helfen, sehr erstrebenswert sind.

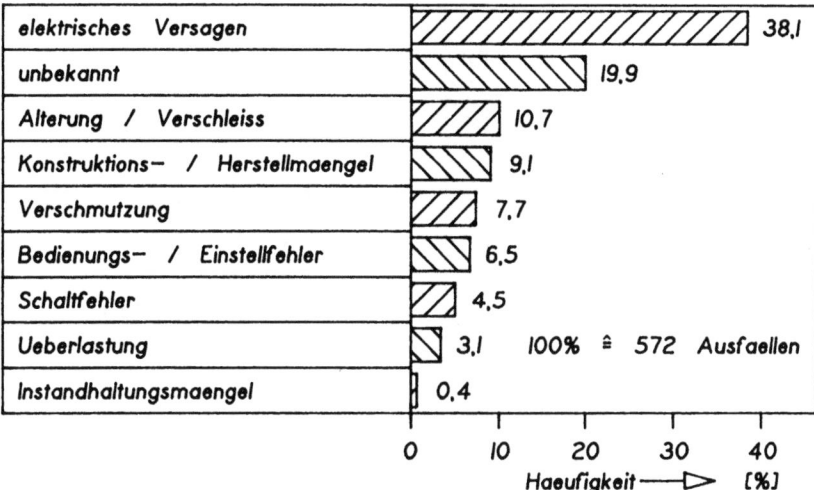

Bild 43: Ausfallursachen an CNC-Maschinen

Betrachtet man in Fall 2 zusätzlich den Ausfallhäufigkeitsanteil des Achsantriebsystems an den Gesamtausfällen über die NC-Achsenzahl, ergibt sich folgende Situation (Bild 44; Basis: Ausfalldaten von 7 CNC-Einspindel-Drehautomaten, 9 CNC-Zweispindel-Drehautomaten und 7 CNC-Bearbeitungszentren; Untersuchungszeitraum: Garantiezeit):

- Mit zunehmender NC-Achsenzahl ist ein Ansteigen des Ausfallhäufigkeitsanteils aufgrund von Störungen des Achsantriebsystems (Lageregelung, Drehzahlreglerelektronik, Achsmeßniederspannungsteil, Verstärker, Tachos, Glasmaßstäbe, Rotationsgeber, Leitungselemente, Motoren, Schalter, Abdeckbleche, Führungen und Spindelsysteme) zu beobachten.
- Jede zusätzliche NC-Achse erhöht den Ausfallhäufigkeitsanteil aufgrund von Störungen des Achsantriebsystems um ca. 4 bis 7 %.

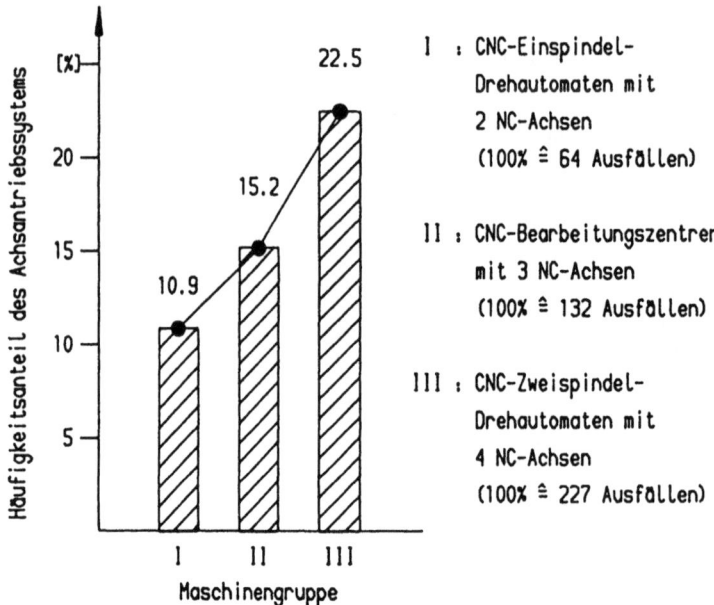

Bild 44: Häufigkeitsanteil des Achsantriebssystems an der Gesamtausfallzahl

Dieses Ergebnis ist vor allem im Hinblick auf die steigende NC-Achsenzahl durch das zunehmende Angebot an CNC-Vierachsen-Bearbeitungszentren und -Drehmaschinen sowie von fünffachsigen CNC-Ladeportalen interessant.

Fall 3 (eine Anwenderfirma)
Betrachtet man in Fall 3 die Fehlerbereiche von unterschiedlichen Fertigungsanlagen, zeichnet sich folgende Situation ab (Bild 45; Basis: Ausfalldaten von 10 Fertigungsanlagen; Untersuchungszeitraum: 18 Monate):
- Die Elektrik (Druckschalter, Endschalter, Thermoschalter, Kabel, Steckverbindungen, Relais, Schütze, Sicherungen, Netzgeräte u.ä.) und die Leistungselektronik von Antrieben (Signalverstärkung) fallen am häufigsten aus (etwa 39 % Ausfallhäufigkeitsanteil). Von den elektrischen Bauteilen führen insbesondere schaltende Elemente wie Endschalter, Druckschalter, Relais, Schütze u.ä. häufig zu Ausfällen (etwa 19 % Ausfallhäufigkeitsanteil an der Gesamtausfallszahl).

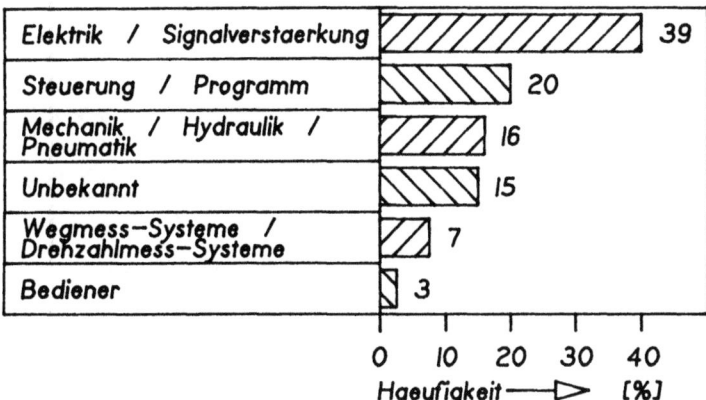

Bild 45: Fehlerbereiche von Fertigungsanlagen (Basis: 700 Monteureinsatzfälle)

- Der zweitgrößte Fehlerbereich ist die Steuerung (etwa 20 % Ausfallhäufigkeitsanteil). Ein großer Teil der hier aufgeführten Störungen konnte durch unkonventionelle Maßnahmen wie Hauptschalter Aus-Ein-Schalten oder in Grundstellung fahren und neu starten beseitigt werden. Die restlichen Störungen sind auf defekte Steuerungsbausteine und fehlerhafte Systemsoftware zurückzuführen.
- Mechanische Probleme führen nicht so häufig zu Ausfällen (etwa 16 % Ausfallhäufigkeitsanteil). Allerdings muß davon ausgegangen werden, daß der Ausfallhäufigkeitsanteil durch mechanische Probleme etwas zu niedrig liegt, da kleine und kleinste Störungen mechanischer Art oft vom Produktionspersonal ohne Verständigung der Instandhaltung oder schriftliche Dokumentation behoben werden. Außerdem trägt sicher auch die fast ausschließliche Einzweck-Großserienfertigung zu einer Reduzierung mechanischer Probleme bei (keine häufigen Bedingungsänderungen).
- Der Anteil der Bedienungsfehler ist mit 3 % relativ niedrig. Bei angelernten Bedienern fällt allerdings auf, daß sie bei Unregelmäßigkeiten schnell überfordert sind.
- Unter der Rubrik 'Unbekannt' werden Ausfälle aufgeführt, die aufgrund von unordentlich geführten Reparaturprotokollen nicht zugeordnet werden können.

Sieht man die Arbeitsarten im richtigen Zusammenhang zu einzelnen Fehlerbereichen, weisen die ausgeführten Instandhaltungsarbeiten im wesentlichen auf dieselben Fehlerschwerpunkte hin (Bild 46):

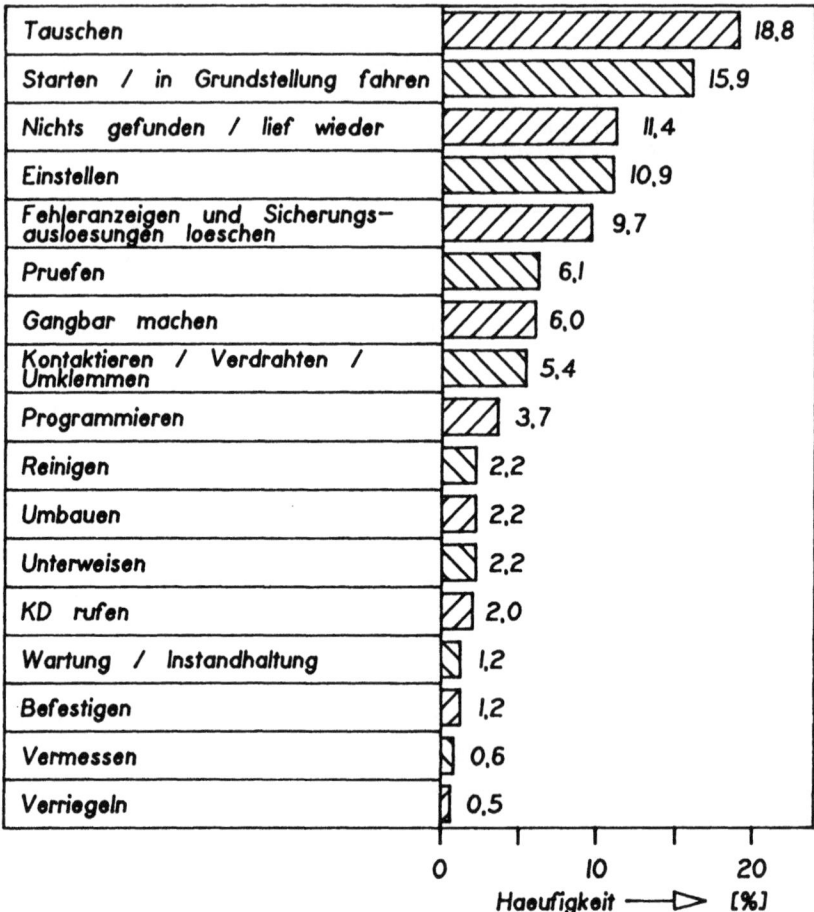

Bild 46: Ausgeführte Instandhaltungsarbeiten (Basis: 700 Monteureinsatzfälle)

- Einen hohen Anteil nehmen Einstellarbeiten ein. Hierfür sind überwiegend die sehr einstellintensiven End- und Grenzschalter verantwortlich.
- Bemerkenswert ist weiterhin die Häufigkeit der Arbeitsarten, bei denen die

Funktion des Systems ohne klares Verständnis oder eine klare Definition der Störungsursache durch teilweise recht "unorthodoxe" Maßnahmen wieder hergestellt wurde (Starten/in Grundstellung fahren, nichts gefunden/lief wieder, Fehleranzeigen und Sicherungsauslösungen löschen).

Fall 4 (eine Herstellerfirma)
Anhand des vierten Falles werden einige Trends, die in den vorangegangenen Fällen bereits festgestellt wurden, bestätigt. Bei den untersuchten Maschinen handelt es sich um CNC-Bearbeitungszentren. Betrachtet man die Fehlerbereiche dieser Maschinen, zeichnet sich folgende Situation ab (Bild 47; Basis: Herstellerdaten von 300 CNC-Bearbeitungszentren; Untersuchungszeitraum: 3 Jahre):

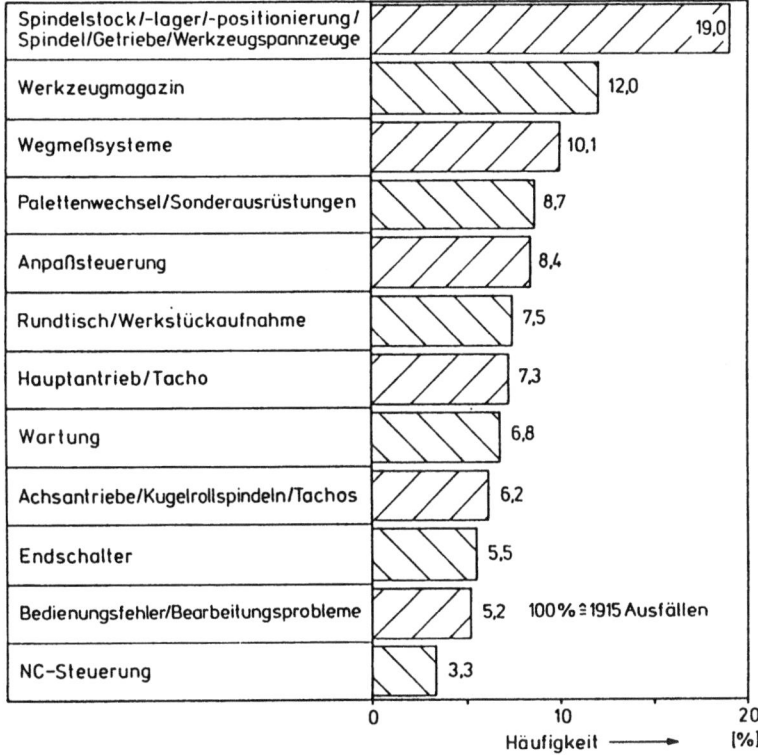

Bild 47: Fehlerbereiche von CNC-Bearbeitungszentren

- Die Spindeleinheiten (einschließlich Getriebe und Werkzeugspannzeuge) fallen am häufigsten aus (etwa 19 % Ausfallhäufigkeitsanteil). Diese Ausfälle sind nur zum Teil durch technische Fehler bedingt. Spindelstöcke, Spindellager und Werkzeugspannzeuge fallen häufig durch Kollisionen infolge von Fehlbedienung aus. Dies deutet darauf hin, daß der hier angegebene Ausfallhäufigkeitsanteil durch Bedienungsfehler und Bearbeitungsprobleme mit etwa 5 % zu niedrig liegt.
- Periphere Einrichtungen wie Werkzeugmagazin, Palettenwechsel und Sonderausrüstungen nehmen zusammen einen Ausfallhäufigkeitsanteil von etwa 21 % ein.
- Das Achsantriebssystem (Achsantriebe, Tachos, Kugelrollspindeln und Wegmeßsysteme) ist mit einem Anteil von etwa 16 % an der Gesamtausfallzahl beteiligt.
- Endschalter nehmen einen Anteil von etwa 6 % an der Gesamtausfallzahl ein. Damit sind sie unter den Einzelelementen das schwächste Glied.
- Die Karten der CNC-Steuerung müssen nicht häufig getauscht werden (etwa 3 % Ausfallhäufigkeitsanteil).

Fall 5 (fünf Herstellerfirmen)
Im letzten Fall wird das Ausfallverhalten von CNC-Drehautomaten und -Bearbeitungszentren sehr detailliert untersucht. Hierzu werden die Fertigungsmittel baumartig (Funktionskomplexe, Baueinheiten, Baugruppen und Bauelemente) untergliedert. Elemente wie Endschalter, Druckschalter u.ä. werden dabei nicht zusammen betrachtet, sondern den jeweiligen Funktionskomplexen und Baueinheiten/-gruppen zugeordnet (z.B. Ausfälle von Endschaltern an den Schlitteneinheiten werden beim Funktionskomplex Achsen und bei der Baugruppe Schlitteneinheit aufgeführt). Für die CNC-Drehautomaten konnten neben den Ausfallhäufigkeiten auch die technischen Stillstandszeiten ermittelt werden.

Für die CNC-Drehautomaten ergibt sich folgende Situation (Tabellen 5 bis 13; Basis: Herstellerdaten von 51 CNC-Einspindel-Drehautomaten mit 2 NC-Achsen, die mit Anwenderdaten ergänzt wurden; Untersuchungszeitraum: Garantiezeit):

* Ausgefallene Funktionskomplexe, Baueinheiten/-gruppen und Bauelemente (Fehlerortanalyse)

Hier werden die einzelnen Funktionskomplexe (z.B.'Steuerung/Elektrik', Hilfseinrichtungen u.ä.), Baueinheiten/-gruppen (z.B. Bedienfeld, Hydraulik u.ä.) und Bauelemente (z.B. Schalter, Filter, u.ä.) betrachtet, deren Versagen zu Ausfällen der untersuchten CNC-Drehautomaten geführt hat.

- Der Funktionskomplex "Steuerung/Elektrik" fällt am häufigsten aus (etwa 33% Ausfallhäufigkeitsanteil). Zu dieser hohen Ausfallhäufigkeit tragen vor allem die Maschinenelektrik und die Elektronik der Achsantriebe bei. Von der Elektrik fallen am häufigsten Relais und Schütze, also mechanische Schaltelemente, aus. Nimmt man zu den Relais und Schützen noch die Schalter hinzu, so decken diese 3 Elemente etwa 44 % der Ausfälle der Elektrik ab. Bei der Elektronik der Achsantriebe fallen am häufigsten die Verstärker und die Drehzahlreglerelektronik aus. Die CNC- und die speicherprogrammierbare Steuerung sind zusammen für etwa 27 % der Ausfälle des Funktionskomplexes "Steuerung/Elektrik" verantwortlich. Von diesen 27 % sind allerdings nur 9 % auf defekte Karten (Speicherkarte, Lagereglerkarte, Interpolatorkarte und Eingabekarten) zurückzuführen. Auffallend ist, daß von den Karten der CNC-Steuerung die Speicherkarte am häufigsten ausfällt.

Ausgef. Fktionskompl.	Häufig.	Häufig. [%]	Stillstdsz. [h]	Zeitant. [%]
Steuerung/Elektrik	288	33.2	1168.1	27.3
Hilfseinrichtungen	195	22.5	566.3	13.2
Handhabung	146	16.8	605.1	14.1
Werkstückspannung	84	9.7	445.2	10.4
Achsen	72	8.3	798.5	18.6
Schaltb. Werkzgträg.	42	4.8	252.0	5.9
Hauptantrieb	32	3.7	393.9	9.2
Sonstiges	9	1.0	53.0	1.3
Summe	868	100.0	4282.1	100.0

Tabelle 5: Ausgefallene Funktionskomplexe an CNC-Drehautomaten

Die restlichen Störungen der CNC- und der speicherprogrammierbaren Steuerung wurden durch defekte Kabel, Steckverbindungen, Netzteile, fehlerhafte Software u.ä. verursacht. Unbekannte Funktionsstörungen der Steuerung (die nur einmal im Programmlauf auftreten, nach einem Neustart aber nicht mehr festzustellen sind) nehmen einen Anteil von etwa 10 % an den Ausfällen des Funktionskomplexes "Steuerung/Elektrik" ein.

Ausgef. Baueinh./-gr.	Häufig.	Häufig. [%]	Stillstdsz. [h]	Zeitant. [%]
Elektrik	63	21.9	220.2	18.9
Elektron. d. Achsantr.	54	18.7	252.7	21.6
CNC	48	16.7	258.6	22.1
Bedienfeld	38	13.2	131.2	11.2
SPS	29	10.1	111.6	9.6
Elektron. d. Hptantr.	28	9.7	156.4	13.4
Unbekannte Fktionsst.	28	9.7	37.5	3.2
Summe	288	100.0	1168.2	100.0

Tabelle 6: Ausfallhäufigkeiten und -zeiten von Baueinh./-gruppen der Steuerung/Elektrik

- Am zweithäufigsten fallen die Hilfseinrichtungen aus (etwa 23 % Ausfallhäufigkeitsanteil). Zu dieser hohen Ausfallhäufigkeit tragen vor allem die Kühlmitteleinrichtung und die Hydraulik bei. Von der Kühlmitteleinrichtung fallen am häufigsten die Ventile aus. Die häufigste Ausfallursache der Ventile ist Verschmutzung. Niveauschalter nehmen einen Anteil von etwa 9 % an den Ausfällen der Kühlmitteleinrichtung ein. Die Hauptstörquellen der Hydraulik sind defekte und verschmutzte Filter sowie defekte Dichtelemente. Druckschalter haben einen Anteil von etwa 9 % an den Ausfällen der Hydraulik.

Ausgef. Baueinh./-gr.	Häufig.	Häufig. [%]	Stillstdsz. [h]	Zeitant. [%]
Kühlmitteleinricht.	71	36.4	203.9	36.0
Hydraulik	59	30.3	135.3	23.9
Pneumatik	22	11.3	59.5	10.5
Späneabführung	16	8.2	91.2	16.1
Sicherheitseinricht.	15	7.7	38.9	6.9
Schmierung	8	4.1	24.7	4.4
Lüfter/Kühlaggregat	4	2.0	12.9	2.2
Summe	195	100.0	566.4	100.0

Tabelle 7: Ausfallhäufigkeiten und -zeiten von Baueinh./-gruppen der Hilfseinrichtungen

- Bemerkenswert ist der hohe Ausfallhäufigkeitsanteil (etwa 17 %) der Handhabung (Abholeinrichtung, Stangenspeicher und Stangenvorschub), da von den 51 untersuchten CNC-Einspindel-Drehautomaten nur 21 Maschinen mit einer Stangenladeeinrichtung ausgerüstet sind. Auch dieses Ergebnis zeigt wieder, daß zusätzliche periphere Einrichtungen an den Maschinen zu einer Erhöhung der Gesamtausfallhäufigkeit beitragen. Zu den Ausfällen der Handhabungseinrichtung tragen vor allem Stangenspeicher und Stangenvorschub bei. Die Abholeinrichtung ist dagegen nur mit 13 % an den Ausfällen der Handhabung beteiligt.

Ausgef. Baueinh./-gr.	Häufig.	Häufig. [%]	Stillstdsz. [h]	Zeitant. [%]
Stangenspeicher	65	44.5	342.1	56.5
Stangenvorschub	62	42.5	215.1	35.6
Abholeinrichtung	19	13.0	47.9	7.9
Summe	146	100.0	605.1	100.0

Tabelle 8: Ausfallhäufigkeiten und -zeiten von Baueinh./-gruppen der Handhabung

- Am vierthäufigsten fällt die Werkstückspannung aus (etwa 10 % Ausfallhäufigkeitsanteil). Zu den Ausfällen der Werkstückspannung tragen vor allem die Spanneinrichtung und der Reitstock bei. Von der Spanneinrichtung fallen am häufigsten die Endschalter aus. Druckschalter nehmen einen Anteil von etwa 16 % an den Ausfällen der Spanneinrichtung ein.

Ausgef. Baueinh./-gr.	Häufig.	Häufig. [%]	Stillstdsz. [h]	Zeitant. [%]
Spanneinrichtung	44	52.4	174.7	39.2
Reitstock	30	35.7	221.5	49.8
Lünette	10	11.9	49.0	11.0
Summe	84	100.0	445.2	100.0

Tabelle 9: Ausfallhäufigkeiten und -zeiten von Baueinh./-gruppen der Werkstückspannung

- Die Achsen sind für etwa 8 % der Ausfälle der CNC-Drehautomaten verantwortlich. Zu den Ausfällen der Achsen tragen vor allem die Schlitteneinheiten und die Achsantriebe bei. Von den Schlitteneinheiten fallen am häufigsten die Abdeckbleche und Endschalter aus. Defekte Abdeckungen führen durch Verklemmen entweder direkt zu Ausfällen oder halten wegen mangelnder Dichtheit Schmutz und Späne nicht mehr von den Führungsbahnen ab. Bei Führungen fällt auf, daß sie zwar lange mittlere störungsfreie Betriebsdauern, nach einem Ausfall aber auch lange mittlere Stillstandszeiten (etwa 62 h) haben. Die Ausfälle der Achsantriebe sind zum großen Teil auf defekte oder verschmutzte Tachos zurückzuführen.

Ausgef. Baueinh./-gr.	Häufig.	Häufig. [%]	Stillstdsz. [h]	Zeitant. [%]
Schlitteneinheiten	36	50.0	459.8	57.6
Achsantriebe	32	44.4	206.0	25.8
Wegmeßsysteme	4	5.6	132.7	16.6
Summe	72	100.0	798.5	100.0

Tabelle 10: Ausfallhäufigkeiten und -zeiten von Baueinh./-gruppen der Achsen

- Der schaltbare Werkzeugträger nimmt einen Anteil von nur etwa 5 % an der Gesamtausfallzahl ein. Dieser niedrige Wert läßt sich zum Teil dadurch erklären, daß Ausfälle infolge von Fehlbedienung hier nicht mitbetrachtet werden (nur technische Ausfallursachen).

Ausgef. Baueinh./ -grup./-elemente	Häufig.	Häufig. [%]	Stillstdsz. [h]	Zeitant. [%]
Mech. Verbindgselem.	12	28.6	159.0	63.1
Nicht w. unterteilt	12	28.6	11.1	4.4
Indexierung	9	21.3	44.7	17.7
Schalteinrichtung	3	7.1	13.4	5.3
Dichtelemente	2	4.8	15.6	6.2
Endschalter	2	4.8	5.2	2.1
Klemmung	2	4.8	3.0	1.2
Summe	42	100.0	252.0	100.0

Tabelle 11: Ausfallhäufigkeiten und -zeiten von Baueinheiten/-gruppen/-elem. des schaltbaren Werkzeugträgers

- Der Hauptantrieb hat die geringste Ausfallhäufigkeit (etwa 4 % Ausfallhäufigkeitsanteil). Zu den Ausfällen des Hauptantriebes trägt vor allem der Antrieb bei. Der Antrieb wiederum fällt am häufigsten wegen Tachostörungen aus. Bei der Hauptspindel fällt auf, daß sie zwar lange mittlere störungsfreie Betriebsdauern, nach einem Ausfall aber auch lange mittlere Stillstandszeiten (etwa 25 h) hat.

Ausgef. Baueinh./-gr.	Häufig.	Häufig. [%]	Stillstdsz. [h]	Zeitant. [%]
Antrieb	24	75.0	237.6	60.3
Hauptspindel	6	18.8	150.8	38.3
Nicht w. unterteilt	2	6.2	5.5	1.4
Summe	32	100.0	393.9	100.0

Tabelle 12: Ausfallhäufigkeiten und zeiten von Baueinheiten/-gruppen des Hauptantriebes

* Technische Ausfallursachen (Fehlerursachenanalyse)
  Hier werden die technisch bedingten Ursachen (z.B. Alterung/Verschleiß, "elektrisches Versagen, Verschmutzung u.ä.) betrachtet, die zum Versagen von Funktionskomplexen, Baueinheiten/-gruppen und Bauelementen geführt haben.
  - Die häufigste technische Ausfallursache mit einem Ausfallhäufigkeitsanteil von etwa 39 % ist "elektrisches Versagen" ("elektrisches Versagen allgemein", Kontaktfehler, Kurzschlüsse und unbekannte Funktionsstörungen der Steuerung).

Techn. Ausfallursache	Häufig.	Häufig. [%]	Stillstdsz. [h]	Zeitant. [%]
Unbekannt	285	32.8	1132.1	26.4
Elektr.Versagen allg.	183	21.1	713.7	16.7
Verschmutzung	110	12.7	249.5	5.8
Kontaktfehler	95	10.9	283.4	6.6
Alterung/Verschleiß	72	8.3	855.0	20.0
Konstr.-/Herst.-Mängel	65	7.5	819.0	19.1
Kurzschluß	30	3.5	192.0	4.5
Unbek.Fktionsst.d.St.	28	3.2	37.5	0.9
Summe	868	100.0	4282.2	100.0

Tabelle 13: Technische Ausfallursachen an CNC-Drehautomaten

Betrachtet man zusätzlich die Baugruppen und -elemente, die durch Kollisionen infolge von Bedienungsfehlern und wegen fehlerhaften NC-Programmen beschädigt wurden, ergibt sich folgende Situation (Tabelle 14):
- Bei Kollisionen wird hauptsächlich der schaltbare Werkzeugträger beschädigt,
- außerdem die Werkstückspannung und der Spindelkasten.

Beschädigte Baueinh./-gruppe	Häufig.	Häufig.[%]
Schaltbarer Werkzeugträger	13	65.0
Werkstückspannung	4	20.0
Spindelkasten	3	15.0
Summe	20	100.0

Tabelle 14: Durch Fehlbedienung beschädigte Baueinh./-gruppen an CNC-Drehautomaten (Häufigkeitsanteil an der Gesamtausfallzahl: 2.3 %)

Für die CNC-Bearbeitungszentren ergibt sich folgende Situation (Tabellen 15 bis 21; Basis: Herstellerdaten von 66 CNC-Bearbeitungszentren mit 4 NC-Achsen, die mit Anwenderdaten ergänzt wurden; Untersuchungszeitraum: Garantiezeit):

* Ausgefallene Funktionskomplexe, Baueinheiten/-gruppen und Bauelemente (Fehlerortanalyse)

Hier werden die einzelnen Funktionskomplexe (z.b. 'Steuerung/Elektrik', Hilfseinrichtungen u.ä.), Baueinheiten/-gruppen (z.b. Bedienfeld, Hydraulik u.ä.) und Bauelemente (z.b. Schalter, Filter u.ä) betrachtet, deren Versagen zu Ausfällen der untersuchten CNC-Bearbeitungszentren geführt hat.

- Der Funktionskomplex 'Steuerung/Elektrik' fällt am häufigsten aus (etwa 33 % Ausfallhäufigkeitsanteil). Zu dieser hohen Ausfallhäufigkeit tragen vor allem die Maschinenelektrik und die speicherprogrammierbare Steuerung bei. Von der Elektrik fallen am häufigsten Kabel und am zweithäufigsten Relais und Schütze aus. Nimmt man zu den Relais und Schützen noch die Schalter hinzu, so decken diese 3 Elemente etwa 29 % der Ausfälle der Elektrik ab. Bei der speicherprogrammierbaren Steuerung fallen am häufigsten Karten (Ausgabekarten, Eingabekarten sowie die Speicherkarte) aus. Die restlichen Störungen der speicherprogrammierbaren Steuerung sind auf defekte Kabel und Steckverbindungen sowie auf fehlerhafte Software zurückzuführen. Unbekannte Funktionsstörungen der Steuerung nehmen einen Anteil von etwa 15 % an den Ausfällen des Funktionskomplexes 'Steuerung/Elektrik' ein. Die CNC-Steuerung ist nur für etwa 10 % der Ausfälle des Funktionskomplexes 'Steuerung/Elektrik' verantwortlich. Die Speicherkarten wiederum haben einen Anteil von etwa 39 % an den Ausfällen der CNC-Steuerung und sind somit deren Schwachstelle.

Ausgefallene Funktionskomplexe	Häufig.	Häufig.[%]
Steuerung/Elektrik	325	33.4
Handhabung	180	18.5
Achsen	167	17.2
Hilfseinrichtungen	165	17.0
Hauptantrieb	63	6.5
Werkzeugspannung	26	2.7
Zusatzeinrichtungen	26	2.7
Sonstiges	19	2.0
Summe	971	100.0

Tabelle 15: Ausgefallene Funktionskomplexe an CNC-Bearbeitungszentren

Ausgefallene Baueinh./-gruppe	Häufig.	Häufig.[%]
Elektrik	76	23.4
SPS	75	23.1
Unbekannte Fktionsstör.	50	15.4
Elektronik der Achsantr.	43	13.2
CNC	31	9.5
Elektronik des Hauptantr.	29	8.9
Bedienfeld	21	6.5
Summe	325	100.0

Tabelle 16: Ausfallhäufigkeiten von Baueinh./-gruppen der Steuerung/Elektrik

- Am zweithäufigsten fallen die Handhabungseinrichtungen (Werkzeugspeicher, Werkzeugwechsler und Palettenwechsler) aus (etwa 19 % Ausfallhäufigkeitsanteil). Zu der hohen Ausfallhäufigkeit der Handhabungseinrichtungen tragen vor allem Endschalter bei. Die Endschalter sind für etwa 42 % der Ausfälle des Funktionskomplexes Handhabung verantwortlich.

Ausgefallene Baueinh./-gruppe	Häufig.	Häufig.[%]
Werkzeugwechsler	89	49.5
Werkzeugspeicher	58	32.2
Palettenwechsler	33	18.3
Summe	180	100.0

Tabelle 17: Ausfallhäufigkeiten von Baueinh./-gruppen der Handhabung

- Am dritthäufigsten fallen die Achsen aus (etwa 17 % Ausfallhäufigkeitsanteil). Der Ausfallhäufigkeitsanteil der Achsen an der Gesamtausfallzahl ist also bei den CNC-Bearbeitungszentren mit 4 NC-Achsen doppelt so hoch als bei den CNC-Drehautomaten mit 2 NC-Achsen. Die Schlitteneinheiten nehmen einen Anteil von etwa 51 % an den Ausfällen der Achsen ein. Zur hohen Ausfallhäufigkeit der Schlitteneinheiten tragen vor allem Führungen und Endschalter bei. Der ungewöhnlich hohe Ausfallhäufigkeitsanteil der Führungen ist in diesem Fall auf Herstellfehler einer Serie zurückzuführen, die bei einigen Maschinen eine Nachbearbeitung der Führungsbahnen notwendig machten, und ist deshalb nicht repräsentativ. Die Wegmeßsysteme sind mit etwa 22 % an der Ausfallhäufigkeit der Achsen beteiligt. Als Ausfallursache wird häufig Verschmutzung angegeben. Die niedrigste Ausfallhäufigkeit weist die Drehtischeinheit auf. Etwa 33 % der Drehtischstörungen sind auf defekte, verschmutzte oder verstellte Endschalter zurückzuführen.

Ausgefallene Baueinh./-gruppe	Häufig.	Häufig.[%]
Schlitteneinheiten	85	50.9
Wegmeßsysteme	36	21.5
Achsantriebe	28	16.8
Drehtischeinheit	18	10.8
Summe	167	100.0

Tabelle 18: Ausfallhäufigkeiten von Baueinh./-gruppen der Achsen

- Am vierthäufigsten fallen die Hilfseinrichtungen aus (etwa 17 % Ausfallhäufigkeitsanteil). Den größten Anteil an den Ausfällen der Hilfseinrichtungen haben die Kühlmitteleinrichtung und die Hydraulik. Bei der Kühlmitteleinrichtung fallen am häufigsten die Ventile aus. Die häufigste Ausfallursache der Ventile ist Verschmutzung. Niveauschalter nehmen einen Anteil von etwa 16 % an den Ausfällen der Kühlmitteleinrichtung ein. Die Hauptstörquellen der Hydraulik sind defekte Ventile, Endlagen- und Dämpfungsdrosseln sowie Dichtelemente. Druckschalter haben einen Anteil von etwa 10 % an den Ausfällen der Hydraulik.

Ausgefallene Baueinh./-gruppe	Häufig.	Häufig.[%]
Kühlmitteleinrichtung	51	30.9
Hydraulik	29	17.6
Aerostatik	21	12.7
Pneumatik	20	12.1
Sicherheitseinrichtungen	14	8.5
Späneabführung	12	7.3
Hydrostatik	11	6.7
Lüfter/Kühlaggregate	5	3.0
Schmierung	2	1.2
Summe	165	100.0

Tabelle 19: Ausfallhäufigkeiten von Baueinh./-gruppen der Hilfseinrichtungen

- Der Hauptantrieb weist nur eine geringe Ausfallhäufigkeit (etwa 7 % Ausfallhäufigkeitsanteil) auf. Zu den Ausfällen des Hauptantriebes trägt vor allem der Antrieb bei. Der Antrieb wiederum fällt am häufigsten wegen Getriebe- und Tachostörungen aus. Die Hauptspindel ist nur mit einem Anteil von etwa 22 % an den Ausfällen des Hauptantriebes beteiligt.

Ausgefallene Baueinh./-gruppe	Häufig.	Häufig.[%]
Antrieb	49	77.8
Hauptspindel	14	22.2
Summe	63	100.0

Tabelle 20: Ausfallhäufigkeiten von Baueinh./-gruppen des Hauptantriebes

* Technische Ausfallursachen (Fehlerursachenanalyse)
Hier werden die technisch bedingten Ursachen (z.B. Alterung/Verschleiß, 'elektrisches Versagen', Verschmutzung u.ä.) betrachtet, die zum Versagen von Funktionskomplexen, Baueinheiten/-gruppen und Bauelementen geführt haben.

Technische Ausfallursache	Häufig.	Häufig.[%]
Unbekannt	266	27.4
Elektr.Versagen allg.	234	24.1
Konstr.-/Herst.-Mängel	120	12.3
Verschmutzung	92	9.5
Alterung/Verschleiß	88	9.1
Kontaktfehler	74	7.6
Unbek.Fktionsst.d.St.	50	5.1
Kurzschluß	27	2.8
Transportschaden	20	2.1
Summe	971	100.0

Tabelle 21: Technische Ausfallursachen an CNC-Bearbeitungszentren

- Die häufigste technische Ausfallursache mit einem Ausfallhäufigkeitsanteil von etwa 40 % ist "elektrisches Versagen" ("elektrisches Versagen allgemein", Kontaktfehler, Kurzschlüsse und unbekannte Funktionsstörungen der Steuerung).

Betrachtet man zusätzlich die Baugruppen und -elemente, die durch Kollisionen infolge von Bedienungsfehlern und wegen fehlerhaften NC-Programmen beschädigt wurden, ergibt sich folgende Situation (Tabelle 22):
- Bei Kollisionen werden hauptsächlich die Werkzeugspannung und der Spindelkasten beschädigt,
- außerdem die Achsen und der Werkzeugwechsler.

Beschädigte Baueinh./-gruppe	Häufig.	Häufig.[%]
Werkzeugspannung	9	32.2
Spindelkasten	6	21.4
Achsen	6	21.4
Werkzeugwechsler	5	17.9
Hauptantrieb	2	7.1
Summe	28	100.0

Tabelle 22: Durch Fehlbedienung beschädigte Baueinh./-gruppen an CNC-Drehautomaten (Häufigkeitsanteil an der Gesamtausfallszahl: 2.8 %)

Zusammenfassend läßt sich aus den 5 dargestellten Fällen das Ausfallverhalten eines verallgemeinerten CNC-Einspindel-Drehautomaten (2 NC-Achsen) mit Stangenlademagazin sowie das Ausfallverhalten eines verallgemeinerten CNC-Bearbeitungszentrums mit NC-Drehtisch (4 NC-Achsen) und Palettenwechseleinrichtung ableiten (Tabellen 23 bis 26). Es zeigt sich, daß der Funktionskomplex "Steuerung/Elektrik" sowohl bei den CNC-Einspindel-Drehautomaten als auch bei den CNC-Bearbeitungszentren einen großen Anteil an der Gesamtausfallzahl einnimmt (31.6 bzw. 33.8 %). Vom Funktionskomplex "Steuerung/Elektrik" nehmen die Karten der CNC- und der speicherprogrammierbaren Steuerung den geringsten Anteil an der Gesamtausfallzahl ein (bei den CNC-Einspindel-Drehautomaten: 3.0 % Ausfallhäufigkeitsanteil an der Gesamtausfallzahl bzw. 0.7 Ausfälle pro Jahr und Maschine; bei den CNC-Bearbeitungszentren: 5.1 % Ausfallhäufigkeitsanteil an der Gesamtausfallzahl bzw. 2.1 Ausfälle pro Jahr und Maschine). Hierfür gibt es im wesentlichen zwei Erklärungen:

* Die Struktur von CNC- und speicherprogrammierbaren Steuerungen (SPS) mit ihrer gleichen Hardware trotz unterschiedlicher Anwendungen kommt der Forderung nach vielen gleichen Teilen entgegen, die in hohen Stückzahlen gefertigt werden können. Dadurch ist ein hoher Qualitätsstandard möglich.
* Durch die engen Packungsdichten von Halbleiterbauelementen nimmt die Anzahl der Bauteile in Steuerungen ab. Dadurch treten weniger Probleme mit unterbrochenen Drähten, schlechten Lötstellen u.ä. auf.

Der Funktionskomplex 'Handhabung' ist bei den CNC-Einspindel-Drehautomaten mit einem Anteil von 21.2 % und bei den CNC-Bearbeitungszentren mit einem Anteil von 18.1 % an der Gesamtausfallzahl beteiligt. Dieses Ergebnis zeigt, daß periphere Einrichtungen an den Maschinen zu einer wesentlichen Erhöhung der Gesamtausfallhäufigkeit beitragen. Ein Grund hierfür ist sicher, daß periphere Einrichtungen noch nicht den hohen Reifegrad der Grundmaschine erreicht haben, da sie als Bausteine erst im Zuge der komplexer werdenden flexiblen Automatisierung eingeführt wurden. Faßt man die schaltenden Elemente (z.B. Endschalter, Druckschalter, Relais, Schütze u.ä.) der einzelnen Funktionskomplexe zusammen, ergibt sich bei den CNC-Einspindel-Drehautomaten ein Ausfallhäufigkeitsanteil an der Gesamtausfallzahl von 11.6 % (bzw. 2.5 Ausfälle pro Jahr und Maschine) und bei den CNC-Bearbeitungszentren ein Ausfallhäufigkeitsanteil an der Gesamtausfallzahl von 16.3 % (bzw. 6.7 Ausfälle pro Jahr und Maschine). Schaltende Elemente stellen somit Schwachstellen dar. Insgesamt ergibt sich, daß bei einem CNC-Einspindel-Drehautomaten mit Stangenlademagazin im Durchschnitt mit 21.8 Ausfällen pro Jahr (ohne Fertigungsprozeßstörungen) und bei einem CNC-Bearbeitungszentrum mit Palettenwechsel im Durchschnitt mit 41.1 Ausfällen pro Jahr (ohne Fertigungsprozeßstörungen) gerechnet werden muß.

Ausgefallener Funktionskomplex	Ausfälle/Jahr (Zweischichtbetrieb)	Häufigkeitsanteil [%]
Steuerung/Elektrik	6.9	31.6
Handhabung	4.6	21.2
Hilfseinrichtungen	4.0	18.5
Schaltb.Wz.-träger	2.6	11.8
Achsen	1.6	7.5
Werkstückspannung	1.3	5.8
Hauptantrieb	0.8	3.6
Summe	21.8	100.0

Tabelle 23: Ausgefallene Funktionskomplexe eines verallgemeinerten CNC-Einspindel-Drehautomaten (2 NC-Achsen) mit Stangenlademagazin

Ausfallursache	Ausfälle/Jahr (Zweischichtbetrieb)	Häufigkeitsanteil [%]
Elektr. Versagen	8.4	38.4
Unbekannt	5.5	25.2
Verschmutzung	2.2	10.2
Alterung/Verschleiß	2.1	9.5
Bedienfehler/fehlerhafte NC-Programme	1.8	8.4
Konstruktions-/Herstellmängel	1.8	8.3
Summe	21.8	100.0

Tabelle 24: Ausfallursachen an einem verallgemeinerten CNC-Einspindel-Drehautomaten (2 NC-Achsen) mit Stangenlademagazin

Ausgefallener Funktionskomplex	Ausfälle/Jahr (Zweischichtbetrieb)	Häufigkeitsanteil [%]
Steuerung/Elektrik	13.9	33.8
Hilfseinrichtungen	8.4	20.3
Handhabung	7.4	18.1
Achsen	6.9	16.8
Hauptantrieb	2.4	5.9
Werkzeugspannung	1.1	2.7
Zusatzeinrichtungen	1.0	2.4
Summe	41.1	100.0

Tabelle 25: Ausgefallene Funktionskomplexe eines verallg. CNC-Bearbeitungszentrums mit NC-Drehtisch (4 NC-Achsen) und Palettenwechsel

Ausfallursache	Ausfälle/Jahr (Zweischichtbetrieb)	Häufigkeitsanteil [%]
Elektr. Versagen	15.6	38.0
Unbekannt	9.3	22.6
Verschmutzung	4.9	11.9
Konstruktions-/ Herstellmängel	4.2	10.2
Alterung/Verschleiß	4.0	9.7
Bedienfehler/fehlerhafte NC-Programme	3.1	7.6
Summe	41.1	100.0

Tabelle 26: Ausfallursachen an einem verallgemeinerten CNC-Bearbeitungszentrum mit Drehtisch (4 NC-Achsen) und Palettenwechsel

5.3.3 Einlaufverhalten und Quantifizierung vertraglicher Forderungen

Während der Einlaufphase von neu angeschafften Maschinen sollten folgende Faktoren zu einer Verbesserung der technischen Verfügbarkeit führen:
- Die Beseitigung von "Kinderkrankheiten" sowie
- der steigende Kenntnisstand und Trainingseffekt von Bedienern und Instandhaltern.

Untersuchungen bestätigen, daß bei Neuanlagen noch ca. 6 bis 9 Monate hohe technische Nichtverfügbarkeitswerte anstehen, die durch Optimierungsmaßnahmen und Anlagenverbesserungen mehr und mehr abnehmen /36/, /37/, /38/. In /38/ wird auf Ausfälle hingewiesen, die durch unerfahrene Instandhalter vor allem in der Einlaufphase verursacht werden. Im Gegensatz dazu kann eine unzureichende Entwurfsqualität (z.b. bei Sondermaschinen) zu einer Daueraufgabe der Instandhaltung werden. Inwieweit sich diese Aussagen als richtig erweisen, wird anhand von Ergebnissen gezeigt, die bei drei Anwenderfirmen ermittelt wurden. Außerdem wird die Frage erörtert, inwieweit die ermittelten Trends bei Garantievereinbarungen zwischen Anwendern und Herstellern berücksichtigt werden, da die technische Verfügbarkeit von komplexen flexibel automatisierten Fertigungsmitteln für die Hersteller während der Garantiezeit ein nur schwer kalkulierbares Risiko darstellt.

Fall 1 (eine Anwenderfirma)
Die Besonderheit der in Fall 1 (Basis: Ausfalldaten von 4 baugleichen CNC-Bearbeitungszentren; Untersuchungszeitraum: 11 Monate) untersuchten CNC-Bearbeitungszentren sind vier parallel angeordnete Hauptspindeln pro Maschine, die von vier Schlitteneinheiten getragen werden. Diese Schlitteneinheiten können zur Verstellung der Werkzeuge beim Längenabgleich über Schrittmotoren verfahren werden. Wie bereits in Abschnitt 5.3.1 (siehe Seite 67) erwähnt, fällt die niedrige technische Einzelverfügbarkeit (92,5 %) dieses auf Kundenanfrage konzipierten Funktionskomplexes auf. Ein großer Teil der hierfür verantwortlichen Störungen wird durch den Längenabgleich verursacht, der in der Regel nach thermisch bedingten Dehnungen neu eingestellt werden muß. Als Ursache sind die vier Haupt-

spindeln zu nennen, die die Maschinen als Wärmequelle (Motorverluste, Getriebereibung, Reibung in Lagern und Bearbeitungsprozeß) belasten. Es handelt sich offenbar um ein Dauerproblem für die Instandhaltung, da selbst nach einjähriger Betriebszeit kein Trend zur Besserung festgestellt werden konnte, und sich die technische Verfügbarkeit für diesen Funktionskomplex auf einem niedrigen stationären Niveau eingependelt hat.

Fall 2 (eine Anwenderfirma)
Anhand des zweiten Falles (Basis: Ausfalldaten von 4 CNC-Bearbeitungszentren; Untersuchungszeitraum: 2 Jahre) wird gezeigt, wie lange die Einlaufphase von großen CNC-Bearbeitungszentren selbst dann dauern kann, wenn keine unzureichende Entwurfsqualität nachzuweisen ist. Die betrachteten Zentren erreichten im Durchschnitt erst nach über einem Jahr stationäre Werte für den Nutzungszeitanteil (Ausführen und Rüsten) auf einem Niveau von ca. 65 % (Bild 48).

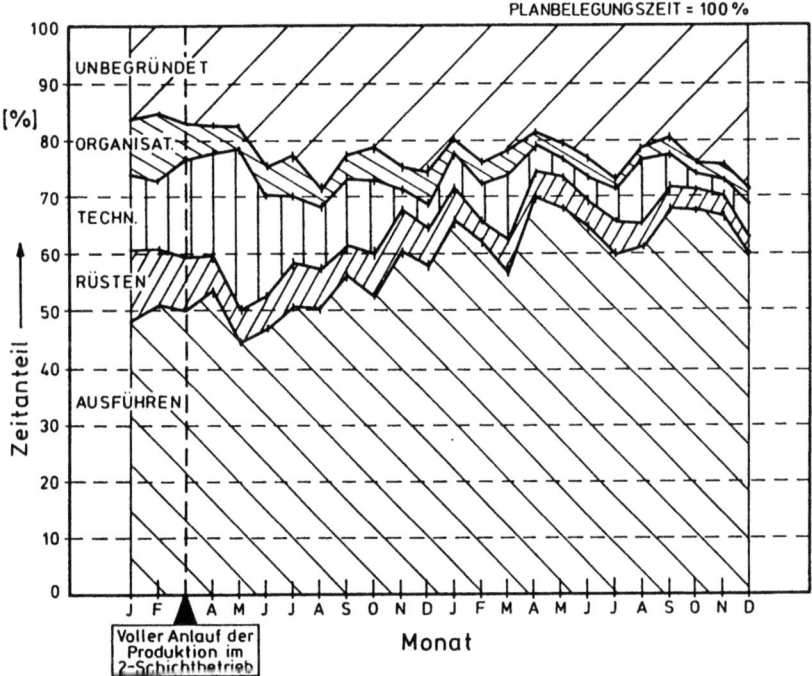

Bild 48: Zeitanteile von CNC-Bearbeitungszentren

Auffallend ist, daß der Zeitanteil der technischen Stillstandszeiten nach dem vollen Anlauf der Produktion im 2-Schichtbetrieb zuerst ansteigt und dann in einem Zeitraum von 9 Monaten mehr und mehr abnimmt. Unbefriedigend ist der nahezu konstant hohe Anteil der unbegründeten Stillstandszeiten. Durch Zeitaufnahmen konnte nachgewiesen werden, daß die unbegründeten Stillstandszeiten zum großen Teil auf die ungünstig angebrachten Zeitschreiber zurückzuführen sind. Aus diesem Grund drücken die Bediener bei Kleinstörungen, die sie selbst beseitigen, meist keine Zeitschreibertaste. Dies hat zur Folge, daß der Zeitschreiber 200 Sekunden nach einem Maschinenstillstand automatisch auf die Spur "unbegründete Unterbrechung" springt.

Fall 3 (eine Anwenderfirma)
Im dritten Fall werden die technische und die organisatorische Nichtverfügbarkeit während der Garantiezeit als Funktion der Zeit dargestellt. Man kann folgende Trends erkennen (Bilder 49 bis 51; Basis: Ausfalldaten von 7 CNC-Einspindel-Drehautomaten, 5 CNC-Zweispindel-Drehautomaten und 4 CNC-Zweispindel-Drehautomaten mit Ladeeinrichtung; Untersuchungszeitraum: Garantiezeit):

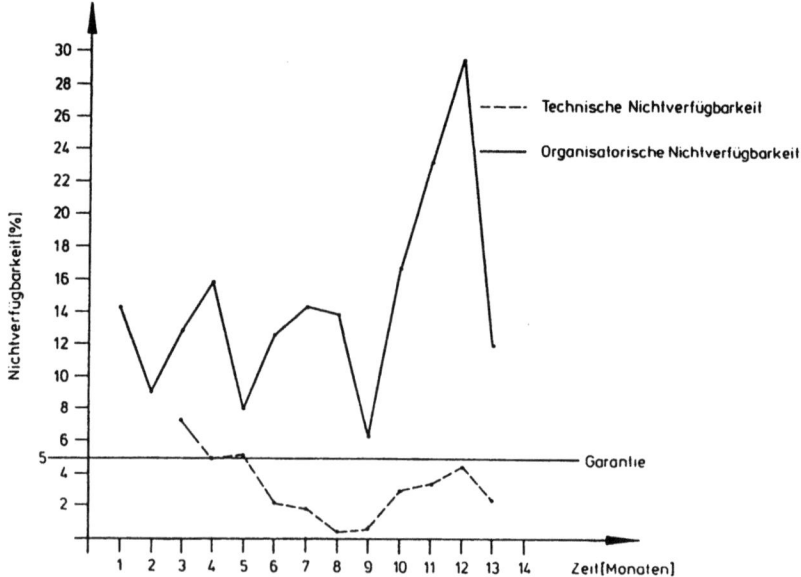

Bild 49: Nichtverfügbarkeiten von CNC-Einspindel-Drehautomaten

- Ein Überwiegen der organisatorischen Nichtverfügbarkeit bei den weniger komplexeren Maschinen.
- Ein Überwiegen der technischen Nichtverfügbarkeit bei den höher komplexeren Maschinen.
- Eine Abhängigkeit der technischen Nichtverfügbarkeit von der Komplexität.
- Einlaufprobleme bei Maschinen aus der Nullserie und bei Sondermaschinen.
- Die Garantieforderungen des Maschinenanwenders berücksichtigen die oben aufgezeigten Trends nicht.
- Die Quantifizierung von vertraglichen Forderungen muß sich auf Kennwerte und deren zeitliche Reichweite erstrecken. Das bedeutet, daß für die Quantifizierung der technischen Verfügbarkeit nicht nur Ermittlungsformeln und die einzusetzenden Werte herangezogen werden dürfen, sondern es ist ebenfalls zu vereinbaren, für welche Intervalle die technischen Verfügbarkeits- bzw. Nichtverfügbarkeitswerte gelten sollen. Dabei sollten die Intervalle eng genug gewählt werden, um Trends zu zeigen, aber noch weit genug, um eine gewisse Glättung zu gewährleisten. Dies wird auch in /27/ für die Quantifizierung vertraglicher Forderungen verlangt /5/.

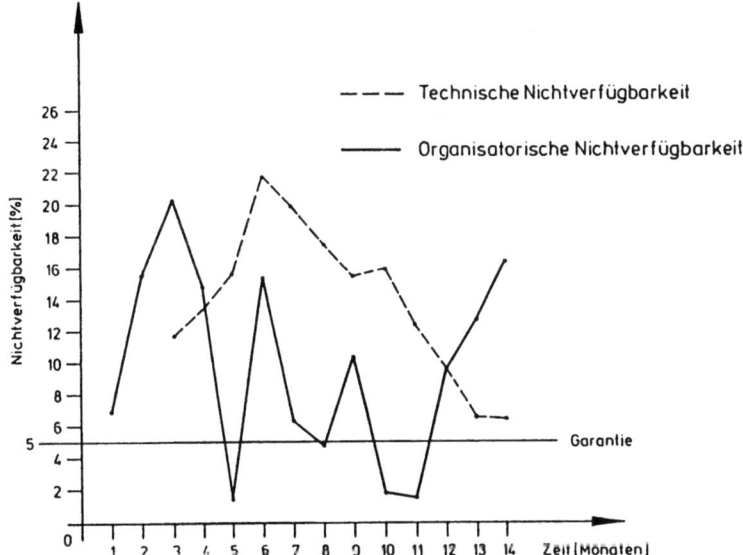

Bild 50: Nichtverfügbarkeiten von CNC-Zweispindel-Drehautomaten

Die Auswirkung eines weiter gewählten Intervalles wird in Bild 51 dargestellt. In diesem Bild sind zwei Kurven für den Verlauf der technischen Nichtverfügbarkeit eingezeichnet. Bei einer Kurve werden die Kennwerte jeweils für ein Intervall von drei Monaten berechnet (geglätteter Kurvenverlauf). Im anderen Fall werden die Kennwerte jeweils für ein Intervall von einem Monat berechnet. Durch die Wahl eines weiter gewählten Intervalles werden krasse Unterschiede von nebeneinanderliegenden Kennwerten ausgeglichen. Dadurch ist die Beeinträchtigung der in Garantievereinbarungen festgelegten Werte durch Zufallseinflüsse geringer. Außerdem kann der allgemeine Charakter der Kurve deutlicher hervortreten.

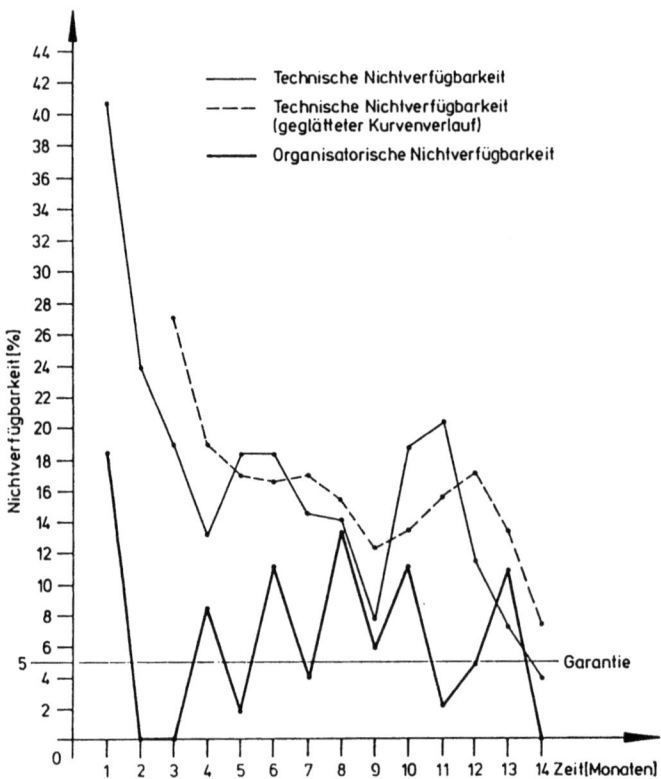

Bild 51: Nichtverfügbarkeiten von CNC-Zweispindel-Drehautomaten mit Ladeeinrichtung

Zusammenfassend kann gesagt werden, daß bei flexibel automatisierten Fertigungsmitteln während der Einlaufphase in der Regel höhere technische Nichtverfügbarkeitswerte anstehen als während der Nutzungsphase. Mit einer deutlichen Einlaufcharakteristik muß bei Nullserien- und Sondermaschinen gerechnet werden.

5.3.4 Einfluß von einsatzbezogenen Faktoren

Neben systembedingten und organisatorisch bedingten Einflußgrößen wie Entwurfsqualität, Fertigungsqualität, Komplexität und Instandhaltungsorganisation können auch einsatzbezogene Faktoren (z.B. Dauer der Nutzung, Intensität der Nutzung, Temperatur, Feuchtigkeit u.ä.) das Ausfallverhalten von flexibel automatisierten Fertigungsmitteln signifikant verändern /36/, /37/, /38/. Nach /39/ führt eine Steigerung der Temperatur in Schaltschränken von 40 auf 50 °C bereits zu einer Erhöhung der Ausfallwahrscheinlichkeit um 30 %. Insbesondere die elektronischen Bauelemente reagieren empfindlich auf die Überschreitung von thermischen Grenzwerten /39/. In /11/ wird auf den Einfluß der jahreszeitlich schwankenden Hallentemperatur hingewiesen. Nach /11/ macht sich deshalb bei elektronischen Steuerungen eine Abschirmung von der üblichen Hallenumgebung als deutliche Verbesserung der technischen Verfügbarkeit bemerkbar. Eine weitere Einflußgröße ist nach /36/ eine hohe Luftfeuchtigkeit, die sich negativ auf Kontakte an Relais, Schützen und Schaltern auswirkt. Inwieweit sich diese Aussagen als richtig erweisen, wird anhand von Ergebnissen gezeigt, die bei drei Anwenderfirmen ermittelt wurden.

Fall 1 (eine Anwenderfirma)
Im ersten Fall (Basis: Ausfalldaten von 4 baugleichen CNC-Bearbeitungszentren; Untersuchungszeitraum: 11 Monate) wird die Ausfallhäufigkeit von CNC-Bearbeitungszentren über dem Tages- und Wochenablauf betrachtet. Bild 52 zeigt die Ausfallhäufigkeit in Abhängigkeit von der Tageszeit. Da während der 2. Schicht nur wenige Störungsmeldungen anfielen, wird im folgenden nur die 1. Schicht berücksichtigt. Man kann folgende Trends erkennen:

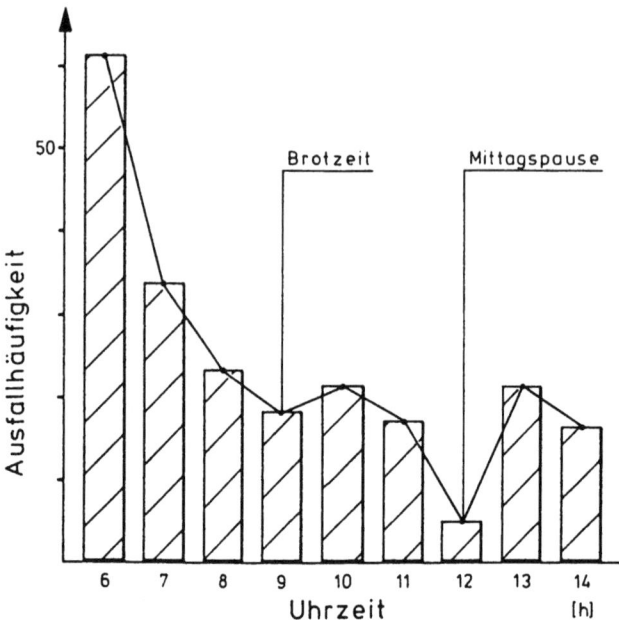

Bild 52: Ausfallhäufigkeit von CNC-Bearbeitungszentren über dem Tagesablauf

- Die meisten Störungen treten beim Hochfahren der Anlagen bei Schichtbeginn auf. Die Ursachen sind Einschaltkurzschlüsse (z.B. durch feuchte Kontakte, rückständiges Kühlmittel in den Motoren u.ä.) sowie noch nicht erreichte Betriebstemperaturen. Die Luftfeuchtigkeit in der Halle beträgt tagsüber ca. 50 %, nachts und bei Schichtbeginn (5.30 Uhr) dagegen in der Regel ca. 88 %. Diese Faktoren wirken sich besonders negativ auf elektrische und elektronische Komponenten aus (Bild 53). Die mechanisch bedingten Ausfälle sind dagegen gleichmäßig über dem Tagesablauf verteilt (Bild 54). Störungen, die kurz vor Arbeitschluß auftreten und deshalb erst am Beginn der nächsten Schicht gemeldet werden, spielen nur eine untergeordnete Rolle.
- Die Anzahl der Störungen nimmt mit zunehmender Betriebszeit, d.h. je genauer die Betriebsbedingungen erreicht werden, ab.
- Das zwischen 11.30 Uhr und 12.30 Uhr liegende Minimum ist dadurch zu erklären, daß in dieser Zeit die Mittagspause liegt und das entsprechende Zeitintervall somit nur 30 Minuten dauert.

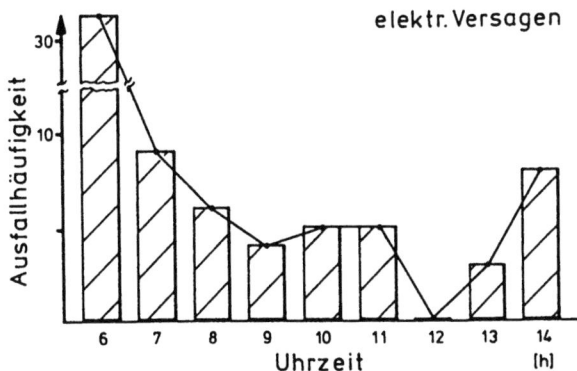

Bild 53: Verteilung der Ausfälle durch elektrisches Versagen über dem Tagesablauf

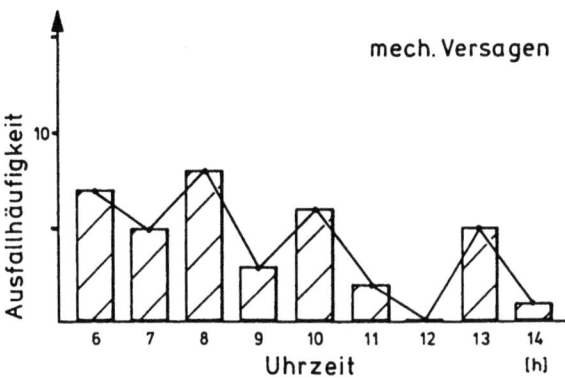

Bild 54: Verteilung der Ausfälle durch mechan. Versagen über dem Tagesablauf

Zur Bekräftigung der oben gemachten Aussagen über die Abhängigkeit der Ausfallwahrscheinlichkeit von den Betriebsbedingungen (Temperatur, Luftfeuchtigkeit u.ä.) wird als weiteres Untersuchungskriterium der Wochenverlauf hinzugezogen. Die Bilder 55 bis 57 bestätigen die oben gemachten Aussagen. Die Faktoren, die jeden Morgen bei Schichtbeginn zu einer erhöhten Störhäufigkeit führen, treten am Montagmorgen verstärkt auf. Zusätzlich trägt zur Spitze am Montagmorgen die Putzkolonne am Wochenende bei (Kontakte werden häufig durch Reinigen defekt).

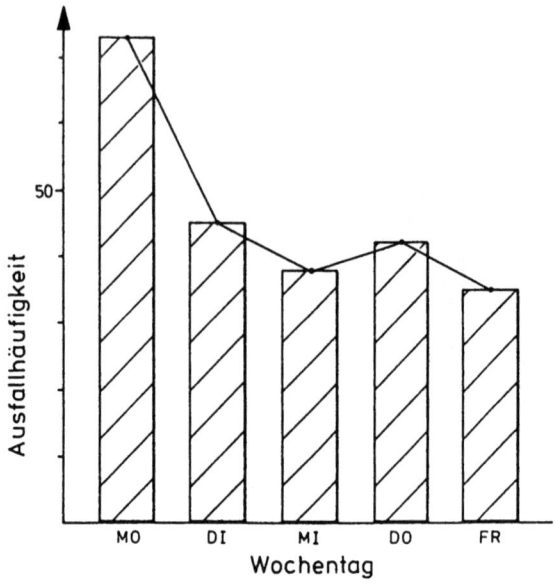

Bild 55: Ausfallhäufigkeit von CNC-Bearbeitungszentren über dem Wochenablauf

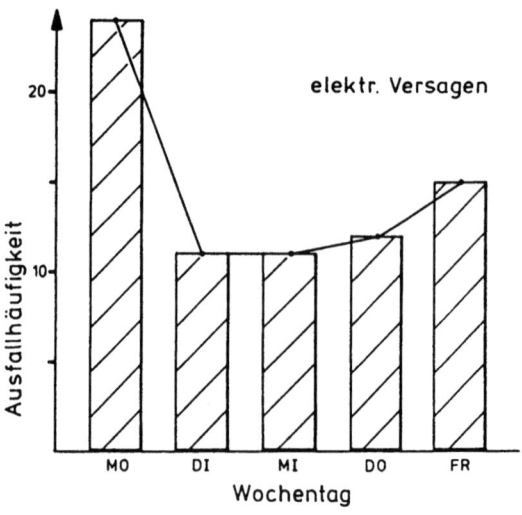

Bild 56: Ausfälle durch elektrisches Versagen über dem Wochenablauf

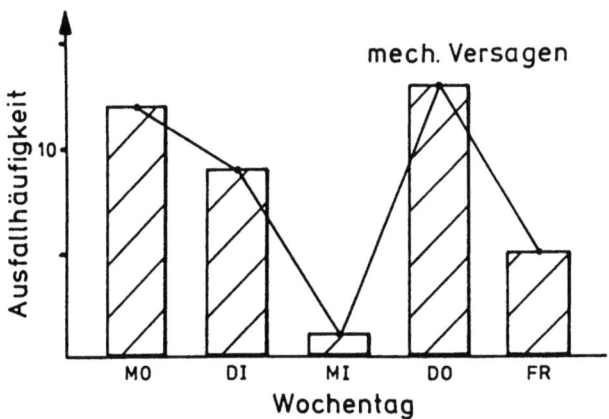

Bild 57: Ausfälle durch mechanisches Versagen über dem Wochenablauf

Fall 2 (eine Anwenderfirma)
Trägt man die Ausfallhäufigkeit über dem Tagesverlauf auf, ergibt sich in Fall 2 (Basis: Ausfalldaten von 27 CNC-Maschinen; Untersuchungszeitraum: 12 Monate) das gleiche Bild wie in Fall 1 (Bild 58). Die meisten Störungen treten am Morgen zu Beginn der 1. Schicht auf und nehmen mit zunehmender Betriebszeit, d.h. je genauer die Betriebsbedingungen erreicht werden, ab. Auf den überwiegenden Einfluß von Einschaltkurzschlüssen infolge von feuchten Kontakten und die noch zu niedrigen Betriebstemperaturen am Morgen zu Beginn der 1. Schicht (5.45 Uhr) deutet auch das Fehlen eines ausgeprägten Maximums zu Beginn der 2. Schicht (15.00 Uhr) hin. Tritt bei Anwenderfirmen dagegen zu Beginn der 1. Schicht und zu Beginn der 2. Schicht ein ausgeprägtes Maximum auf, ist dies in der Regel auf zusätzlich auftretende Bedienereinflüsse zurückzuführen. Die Bediener melden kurz vor Arbeitsschluß auftretende Störungen nicht mehr weiter. Aus diesem Grund erfolgen die Störungsmeldungen erst zu Beginn der nächsten Schicht. Bei diesen Firmen ist das 2. Maximum nicht mehr so stark ausgeprägt, da Störungen aufgrund von feuchten Kontakten und noch nicht erreichten Betriebstemperaturen zu Beginn der 2. Schicht praktisch keine Rolle mehr spielen.

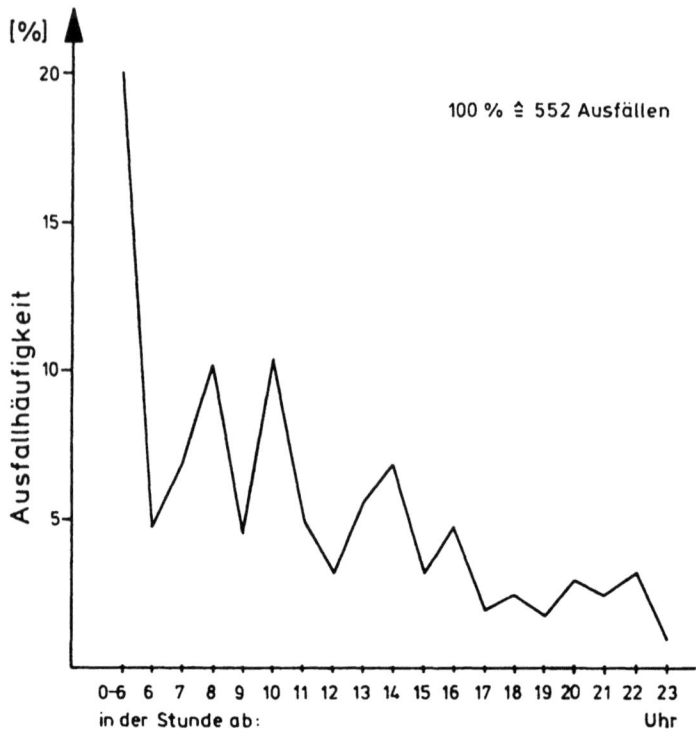

Bild 58: Ausfallhäufigkeit von CNC-Maschinen über dem Tagesablauf

Betrachtet man in Fall 2 zusätzlich das Ausfallverhalten über dem Jahresablauf (Bild 59), erkennt man eine Abhängigkeit zwischen Ausfallhäufigkeit und Planbelegungszeit, die von anderen Einflußgrößen teilweise überlagert wird. Beispielsweise im Mai spielen zusätzlich eine hohe Luftfeuchtigkeit und eine hohe Nutzung der Maschinenleistung eine Rolle. Im Juli dagegen überwiegt der Einfluß der hohen Umgebungstemperatur. Der Einfluß der hohen Umgebungstemperatur wirkt sich vor allem auf elektronische Bauteile aus (Bild 60).

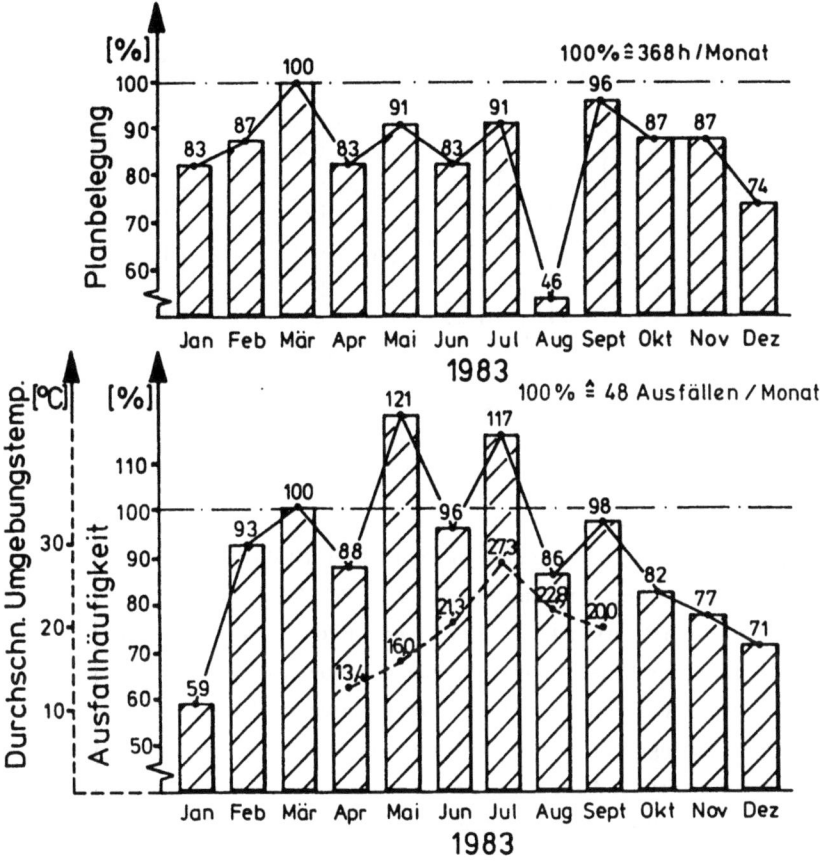

Bild 59: Ausfallhäufigkeit und Planbelegung von CNC-Maschinen über dem Jahresablauf

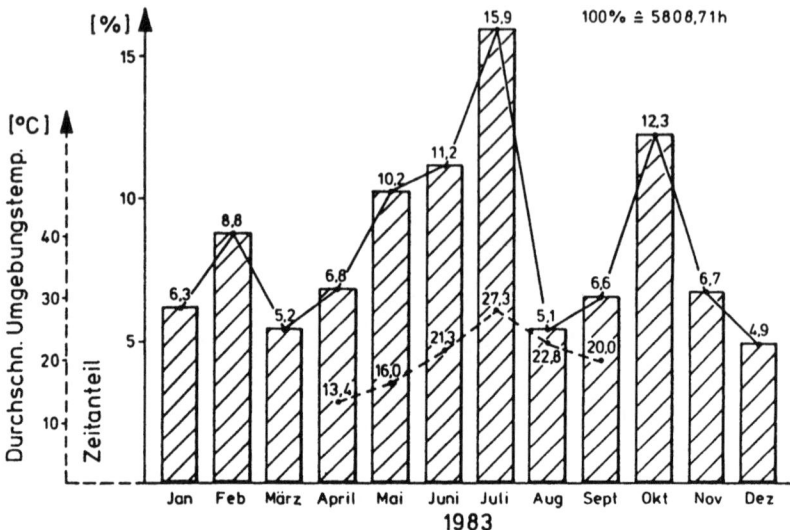

Bild 60: Ausfallzeiten elektronischer Bauteile von CNC-Maschinen und durchschnittliche Umgebungstemperatur über dem Jahresablauf

Fall 3 (eine Anwenderfirma)
Betrachtet man in Fall 3 die Steuerungsausfallzeit (Bedienfeldelektronik, Elektronik der Haupt- und Vorschubantriebe, NC, PC, Elektroausrüstungen u.ä.) über dem Jahresablauf, erkennt man drei Trends (Bild 61; Basis: Ausfalldaten von 28 CNC-Maschinen; Untersuchungszeitraum: Garantiezeit):
- Ein temperaturbedingtes Ansteigen der Steuerungsausfallzeit ab Juni/Juli.
- Eine Abhängigkeit der Steuerungsausfallzeit von der Maschinenauslastung. Darauf deutet ein Absinken der Steuerungsausfallzeit in der Urlaubsperiode im August hin. Während dieser Zeit werden die Maschinen überwiegend im Einschichtbetrieb eingesetzt. Außerdem die überhöhte Steuerungsausfallzeit von September bis November. Während dieser Zeit werden die Maschinen stark ausgelastet.
- Der überdurchschnittlich hohe Anteil im September deutet zusätzlich auf Anlaufschwierigkeiten nach dem Sommerurlaub hin /5/.

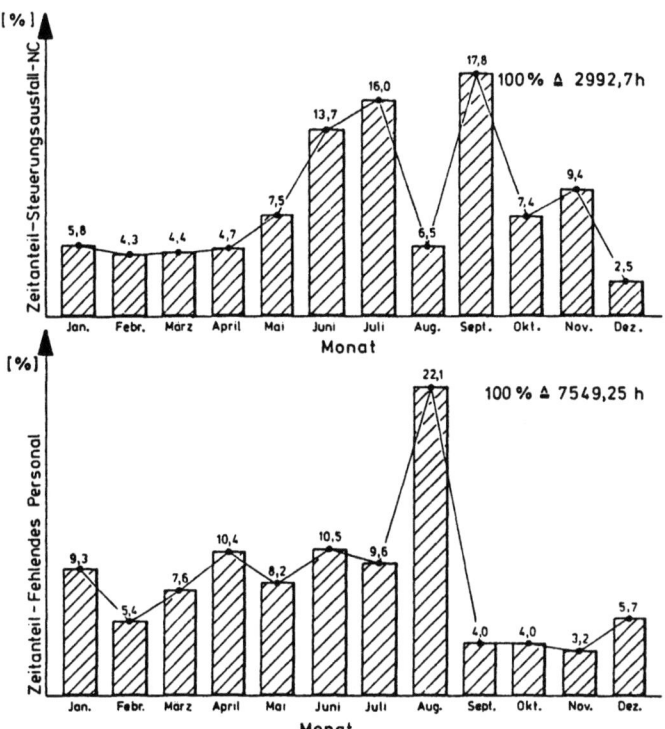

Bild 61: Steuerungsausfälle von CNC-Maschinen und fehlendes Personal über dem Jahresablauf

Zusammenfassend kann gesagt werden, daß das Ausfallverhalten von flexibel automatisierten Fertigungsmitteln von der Auslastung (Dauer, Intensität) und von den klimatischen Bedingungen (Feuchtigkeit, Temperatur) beeinflußt wird. Wichtig sind deshalb die Optimierung der Klimatechnik und eine Anpassung der Inspektions- und Wartungsintervalle an die Auslastung. Bei einer höheren Auslastung müssen kürzere Inspektions- und Wartungsintervalle gewählt werden als bei einer niedrigeren. Außerdem konnte festgestellt werden, daß beim Hochfahren der Anlagen nach Betriebsruhezeiten (Beispiele: Betriebsurlaub, Wochenende, Betriebsruhe infolge Einschicht- oder Zweischichtbetrieb u.ä.) die meisten Störungen auftreten.

5.4 Ergebnisse der Zeitaufnahmen

In Abschnitt 5.3 (Ergebnisse der "Postprozeß"-Störungsaufnahmen) wurden systembedingte, organisatorisch bedingte und einsatzbedingte Einflußgrößen auf das Ausfallverhalten von flexibel automatisierten Fertigungsmitteln untersucht. Hierzu wurden von den Betrieben selbst erstellte Unterlagen über Stillstandszeiten verwendet. Dadurch konnten sowohl große Zeiträume als auch eine große Maschinenanzahl betrachtet werden. Da jedoch über Kleinstörungen in den Betrieben keine Unterlagen vorhanden waren, wurden zusätzlich Zeitaufnahmen durchgeführt, die es ermöglichten, sämtliche Störungen lückenlos und ohne Unsicherheit in der Informationsübertragung zu erfassen. Eine Untersuchung wurde an Fertigungsmitteln durchgeführt, auf denen Werkstücke in Großserie spanabhebend bearbeitet werden. Eine zweite Untersuchung wurde an Fertigungsmitteln durchgeführt, auf denen Werkstücke in kleinen Serien spanabhebend bearbeitet werden. In beiden Fällen wurden die Stördaten mit einem Hand-Held-Computer gemessen. Gemessen heißt in diesem Fall, daß durch Drücken der Return-Taste am Anfang und am Ende einer Störung die Stillstandszeit über die rechnerinterne Uhr gemessen und gespeichert wird. Treten an einem Fertigungsmittel mehrere Störungen an unterschiedlichen Orten zugleich auf, so hat die Störung Priorität, die als Stillstand auftritt. Der Zeitnehmer kann außerdem jeder Störung einen Begriff (z.B. Späneprobleme) bzw. eine Code-Nummer zuordnen. Die Code-Nummer und die Stillstandszeit werden im Hand-Held-Computer zusammengehörig abgespeichert. Nach Beendigung einer Meßreihe (z.B. am Ende einer Schicht) kann automatisch ein Meßprotokoll erstellt und ausgedruckt werden. Diese Art der Datenerfassung wurde ebenfalls zur Durchführung einer in /40/ beschriebenen Untersuchung verwendet. Im Rahmen der in /40/ beschriebenen Untersuchung wurde das Störverhalten von verketteten automatischen Montageanlagen mit kurzen Taktzeiten betrachtet, deren Störzeitverhalten durch eine hohe Anzahl von Störungen mit kurzer Stördauer bestimmt wird (große Datenmengen). In solchen Fällen bietet sich der Einsatz von Hand-Held-Computern zur Datenerfassung vor Ort an.

Fall 1 (eine Anwenderfirma)

Im ersten Fall (Großserienfertigung) wurden die Zeitaufnahmen an insgesamt 18 Fertigungsmitteln durchgeführt. Die einzelnen Fertigungsmittel wurden jeweils 38,75 h beobachtet. Bei den betrachteten Fertigungsmitteln handelt es sich um elf Einzelmaschinen und sieben Verkettungen (zwei bzw. drei Einzelmaschinen werden durch CNC-Ladeportale in Kreuzschlittenausführung miteinander verkettet). Von den 18 untersuchten Fertigungsmitteln sind 16 untereinander durch Friktionsrollenbänder und Knaggenbänder verbunden, da sie Teilsysteme einer Fertigungsstraße sind. Die Fertigungsstraße kann als elastische Verkettung bezeichnet werden. Drei Maschinen werden manuell beschickt, der Rest automatisch. Die Steuerungsarten der einzelnen Maschinen reichen von Schützsteuerungen bis zu CNC-Steuerungen. Die Bediener der Einzelmaschinen sind überwiegend Angelernte, die Bediener der Verkettungen und die Einsteller sind dagegen ausnahmslos Facharbeiter.

Um insbesondere den Einfluß von technischen Kleinstörungen untersuchen zu können, wird als neue Zeit die technische Kleinstörungszeit T_K eingeführt. Sie erfaßt alle Stillstandszeiten, die durch Störungen verursacht werden, die die Maschinenbediener selbst beheben. Die Dauer der Störung spielt dabei keine Rolle. Ist die Störung so schwerwiegend, daß die Instandhaltungsabteilung eingreifen muß, so zählt die Stillstandszeit, bis die Instandhaltung gerufen wird, zur Kleinstörungszeit; die Wartezeit auf die Instandhalter sowie die Instandsetzung selbst zählen zur technischen Stillstandszeit.

Faßt man alle 18 Fertigungsmittel zusammen, ergibt sich im Durchschnitt eine technische Verfügbarkeit (hier: Äußere technische Verfügbarkeit, da fertigungsprozeßbedingte Störungen miteinbezogen werden) von 84 % und ein Nutzungsgrad von 74,8 %.

Anhand eines Nutzungsdiagrammes können außerdem folgende Trends aufgezeigt werden (Bild 62):

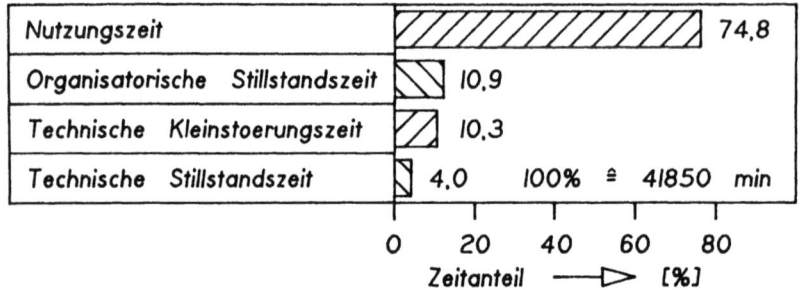

Bild 62: Einfluß von Kleinstörungen

- Die Stillstandszeiten durch technische Kleinstörungen und durch organisatorische Störungen sind mit 10,3 bzw 10,9 % fast gleich groß.
- Entscheidend ist, daß beide zusammengenommen einen Anteil von 84,1 % an der Gesamtstillstandszeit haben.
- Berücksichtigt man die technischen Kleinstörungszeiten nicht, errechnet man zu hohe Nutzungszeiten bzw. Nutzungsgrade.

Die technischen Kleinstörungen wurden im Rahmen dieser Untersuchung in folgende Bereiche unterteilt:
- Anlage,
- Fertigungsprozeß,
- Unbekannt.

Unter 'Anlage' werden Störungen aufgeführt, deren Ursachen unmittelbar auf technische Störungen an der Fertigungsanlage selbst zurückzuführen sind. Unter 'Fertigungsprozeß' werden Störungen aufgeführt, die durch den Bearbeitungsprozeß hervorgerufen werden (z.B. Kühlmittelabflußverstopfung, Späneprobleme, Werkzeugbruch, Werkzeugverschleiß u.ä.). Unter der Rubrik 'Unbekannt' werden Störungen aufgeführt, die durch unkonventionelle Maßnahmen wie beispielsweise Hauptschalter Aus-Ein-Schalten oder in Grundstellung fahren und neu starten beseitigt werden können, deren Ursachen aber nicht festgestellt werden können.

Stellt man diese Störungsbereiche als Anteile an der Kleinstörungszeit T_K dar, ergeben sich folgende Trends (Bild 63):
- Der Bereich "Fertigungsprozeß" mit einem Anteil von 50,8 % überwiegt den Bereich "Anlage" mit 30,5 %. Dies war zu erwarten, da der größte Teil der Anlagenstörungen nicht durch das Bedienpersonal selbst behoben wird und damit nicht mehr zu den Kleinstörungen zählt.
- Einen mit 18,7 % überraschend hohen Anteil nehmen Störungen ein, deren Ursachen unbekannt sind.

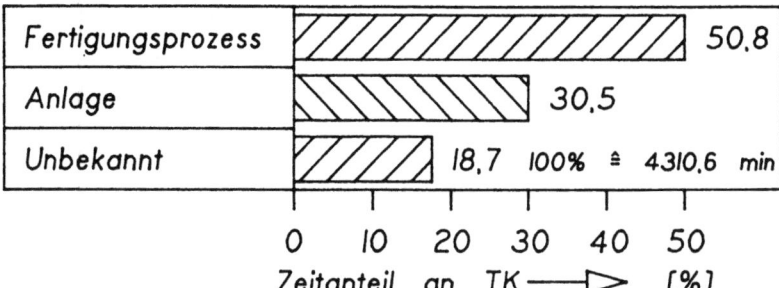

Bild 63: Zeitanteile technischer Störungsursachen an der techn. Kleinstörungszeit

Teilt man die Dauer der technischen Kleinstörungen in Zeitbereiche ein, ergeben sich folgende Trends (Bilder 64 und 65):

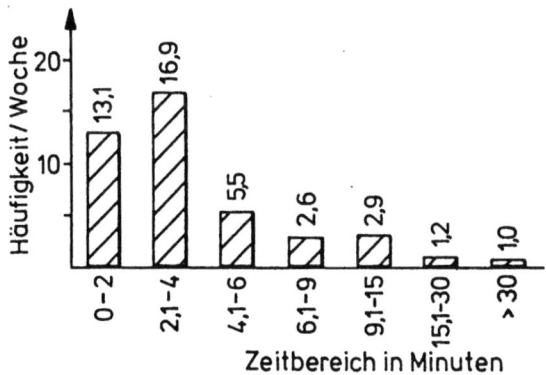

Bild 64: Häufigkeitsverteilung von technischen Kleinstörungen in Abhängigkeit von der Dauer

- Relativ kurze Störungen (von 0 bis 4 Minuten Dauer) treten am häufigsten auf. Sie kommen bei einem Fertigungsmittel im Durchschnitt 30 mal pro Woche (bei Einschichtbetrieb; 38,75 h) vor und haben einen Anteil von ca. 70 % an den auftretenden Kleinstörungen. Sie werden überwiegend durch den Bereich "Fertigungsprozeß" hervorgerufen.
- Die relativ kurzen Störungen haben trotz ihrer großen Häufigkeit nur einen Anteil von ca. 30 % an der gesamten Kleinstörungszeit T_K. Relativ lange Störungen dagegen von 15,1 Minuten aufwärts, die überwiegend vom Bereich "Anlage" verursacht werden, kommen bei einem Fertigungsmittel im Durchschnitt nur 2,2 mal (bei Einschichtbetrieb; 38,75 h) pro Woche (5 % Anteil) vor, haben aber einen Anteil von ca. 38 % an der Kleinstörungszeit T_K.

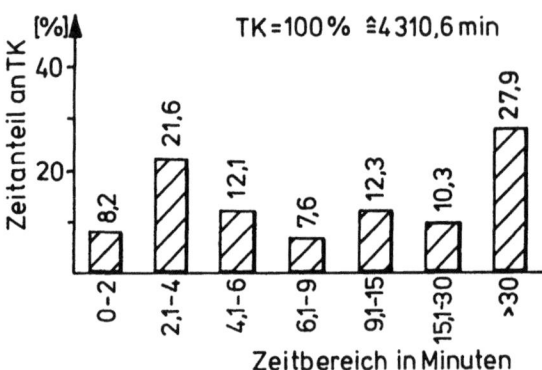

Bild 65: Zeitanteile technischer Kleinstörungen unterschiedlicher Dauer an T_K

Diese Aussagen decken sich mit Untersuchungsergebnissen von verketteten automatischen Montageanlagen, die in /40/ beschrieben werden. Diese Untersuchungsergebnisse ergeben für das Störverhalten von Montageanlagen mit kurzen Taktzeiten die Aussage, daß 86 % aller Stillstände in einem Bereich von 0 bis 40 Sekunden liegen, Stillstände über 480 Minuten weniger häufig auftreten, aber einen größeren Zeitanteil an der Gesamtstillstandszeit ausmachen. Die länger dauernden Störungen kommen seltener vor, da sie durch das Austauschen von Montageelementen verursacht werden.

Beim Vergleich der Störungsdaten, die die Instandhaltungsabteilung festgehalten hat, mit den Störungsdaten, die durch die Zeitaufnahmen ermittelt wurden, zeigt sich, daß die Instandhaltungsabteilung eine Stillstandszeit von 4,4 % der Beobachtungszeit aufzeichnet. Durch die Zeitaufnahme wird ein Stillstandszeitanteil an der Beobachtungszeit von 25,2 % ermittelt, da die Zeitaufnahme noch technische Kleinstörungszeiten und organisatorische Stillstandszeiten beinhaltet, die zusammen bereits einen Anteil von 21,2 % an der Beobachtungszeit haben. Bei der technischen Stillstandszeit ergibt sich aus der Zeitaufnahme ein Anteil an der Beobachtungszeit von 4 %, die Instandhaltungsabteilung ermittelt einen Anteil von 4,4 %. Dies erklärt sich daraus, daß die technische Stillstandszeit, die in der Instandhaltungsabteilung festgehalten wird, sowohl den An- und Abmarsch der Schlosser und Elektriker als auch die Instandsetzungszeiten für ausgefallene Teile in den Instandhaltungswerkstätten (während die Maschine bereits wieder läuft) beinhaltet.

Zusammenfassend kann gesagt werden, daß die Stillstandszeiten durch technische Kleinstörungen und organisatorische Störungen fast gleich groß sind und zusammen einen Anteil von ca. 85 % an der Gesamtstillstandszeit haben. Eine mittlere störungsfreie Betriebsdauer zwischen zwei Kleinstörungen von nur 40 Minuten zeigt außerdem, daß ein Betrieb der untersuchten Fertigungsmittel ohne Aufsicht nicht möglich ist. Obwohl die Beobachtungszeit zu kurz war, um die ermittelten Zahlenwerte als absolut repräsentativ anzusehen, ergibt sich die Tendenz, daß eine personalarme Schicht bei hochautomatisierten Fertigungsmitteln für die spanabhebende Bearbeitung (Großserienfertigung) am häufigsten durch technische Kleinstörungen unterbrochen wird, die durch den Fertigungsprozeß verursacht werden /28/. Der Fertigungsprozeß bei hochautomatisierten Fertigungsmitteln muß aber so sicher und reproduzierbar sein, daß die Maschinen auch tatsächlich in personalarmen Schichten laufen können. Es kann sich sonst ergeben, daß die gewonnenen Vorteile durch eine reduzierte Bedienung in Wirklichkeit gar nicht vorhanden sind. Bezüglich der Bedienerqualifikation konnte festgestellt werden, daß Angelernte bei Unregelmäßigkeiten schneller überfordert sind als Facharbeiter mit Systemschulung.

Fall 2 (eine Anwenderfirma)
Im zweiten Fall (Einzel- und Kleinserienfertigung) wurden die Zeitaufnahmen an insgesamt acht flexibel automatisierten Fertigungsmitteln durchgeführt. Drei der untersuchten Fertigungsmittel sind CNC-Bohr- und Fräswerke, fünf CNC-Universal-Fräsmaschinen. Die einzelnen CNC-Universal-Fräsmaschinen wurden jeweils 77,5 h beobachtet, die einzelnen CNC-Bohr- und Fräswerke 155 h. Die Bediener dieser Maschinen sind ausnahmslos Facharbeiter. Im Rahmen dieser Untersuchung wurden technische Störungen, die von den Maschinenbedienern selbst behoben werden, nicht gesondert betrachtet. Außerdem wurden nur Stillstände erfaßt, die länger als 2 Minuten dauerten.

Faßt man die CNC-Bohr- und Fräswerke zusammen, ergibt sich im Durchschnitt eine technische Verfügbarkeit (hier: Äußere technische Verfügbarkeit) von 92,5 % und ein Nutzungsgrad von 88,4 %. Faßt man die fünf CNC-Universal-Fräsmaschinen zusammen, ergibt sich im Durchschnitt eine technische Verfügbarkeit (hier: Äußere technische Verfügbarkeit) von 97 % und ein Nutzungsgrad von 94 %. Anhand von Nutzungsdiagrammen können außerdem folgende Trends aufgezeigt werden (Bilder 66 und 67):

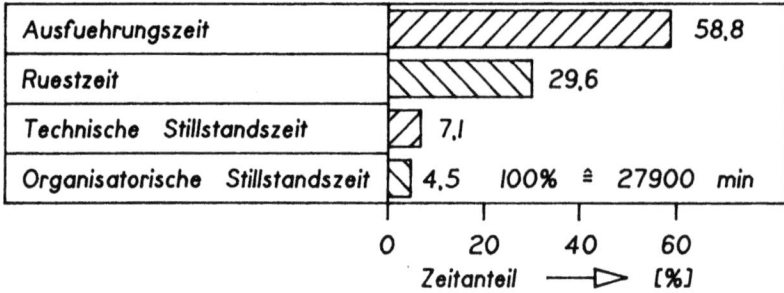

Bild 66: Nutzungsdiagramm von CNC-Bohr- und Fräswerken

- Die störungsbedingten Stillstandszeiten (technische und organisatorische Stillstandszeiten) sind mit 6 bzw. 11,6 % in einem vertretbaren Rahmen.
- Die Rüstzeiten sind mit 26,7 bzw. 29,6 % charakteristisch für die Einzel- und Kleinserienfertigung mit rasch wechselnden Aufträgen und kleinen Losgrößen.

- Bei der Einzel- und Kleinserienfertigung wird die Ausführungszeit (58,8 bzw. 67,3 %) in erster Linie von der Rüstzeit verkürzt. Zur Erhöhung der Leistungsfähigkeit dieser Fertigungsmittel müssen deshalb Maßnahmen zur Reduzierung der Umrüstzeiten ergriffen werden.

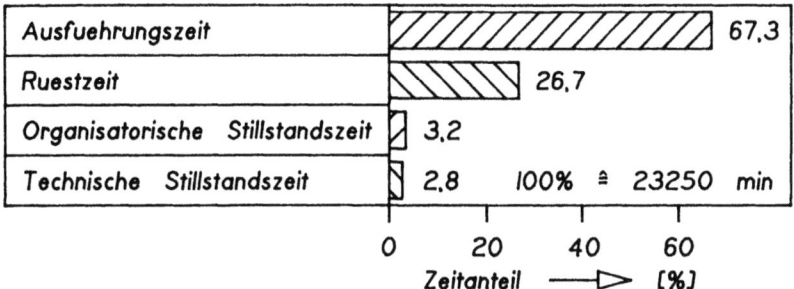

Bild 67: Nutzungsdiagramm von CNC-Universal-Fräsmaschinen

Teilt man die technischen Störungsursachen weiter auf, zeichnet sich folgende Situation ab (Bilder 68 bis 71):
- Die häufigsten Störungsursachen sind Fertigungsprozeßstörungen (Werkzeugbruch, Werkzeugverschleiß, Kühlmittelabflußverstopfung und Späneprobleme). Bei den CNC-Bohr- und Fräswerken haben die Fertigungsprozeßstörungen einen Anteil von etwa 53 % an der Gesamtzahl der technisch bedingten Störungen. Die Anlagenstörungen folgen mit einem Anteil von etwa 38 %. Die vorbeugende Instandhaltung ist dagegen nur mit einem Häufigkeitsanteil von etwa 9 % beteiligt. Bei den CNC-Universal-Fräsmaschinen haben die Fertigungsprozeßstörungen sogar einen Anteil von etwa 82 % an der Gesamtzahl der technisch bedingten Störungen. Die vorbeugende Instandhaltung folgt mit einem Anteil von etwa 18 %. Anlagenstörungen traten während der Beobachtungszeit nicht auf.
- Anlagenstörungen treten zwar nicht so häufig auf, wenn sie auftreten haben sie aber in der Regel einen hohen Zeitanteil an der gesamten technischen Stillstandszeit. Bei den CNC-Bohr- und Fräswerken dauern beispielsweise die mittleren technischen Stillstandszeiten wegen Werkzeugverschleiß etwa 11 min, wegen Werkzeugbruch etwa 21 min. Die mittleren technischen Stillstandszeiten wegen Steuerungsfehler dauern dagegen etwa 89 min.

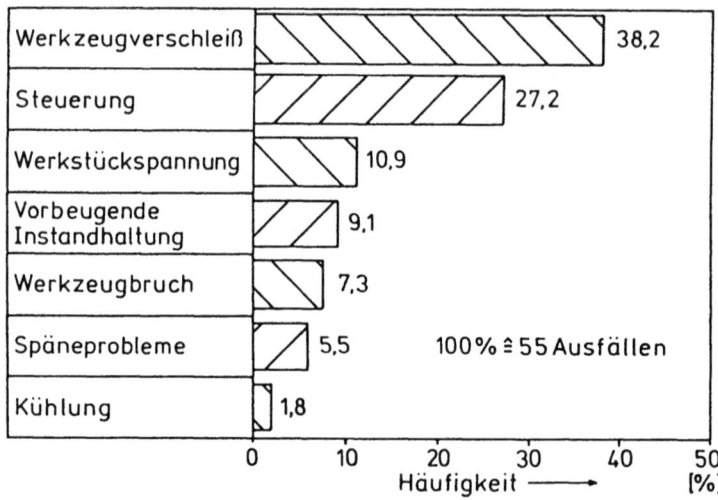

Bild 68: Technische Störungsursachen an CNC-Bohr- und Fräswerken (Häufigkeitsanteile)

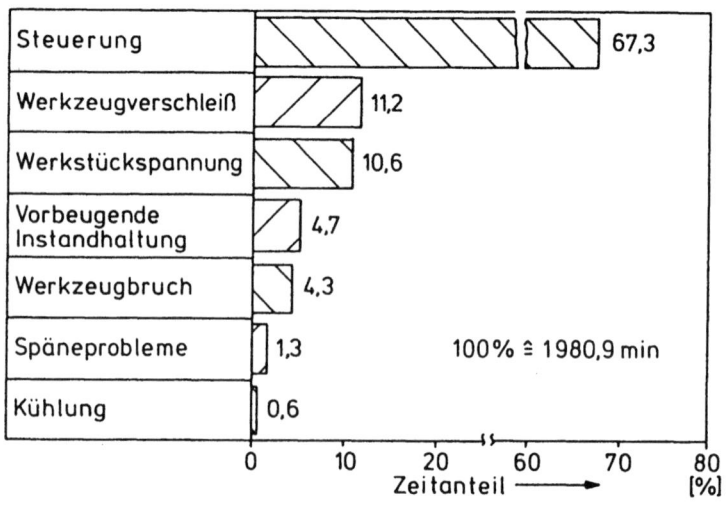

Bild 69: Technische Störungsursachen an CNC-Bohr- und Fräswerken (Zeitanteile)

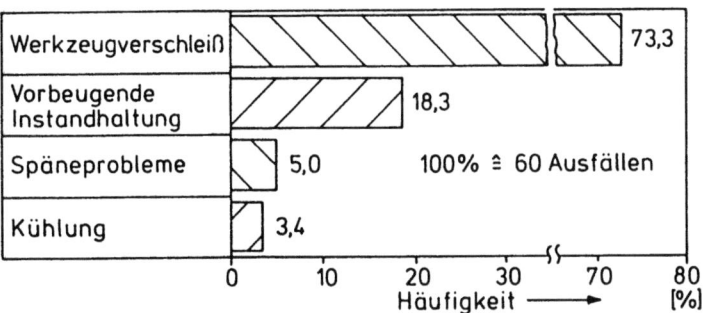

Bild 70: Technische Störungsursachen an CNC-Universal-Fräsmaschinen (Häufigkeitsanteile)

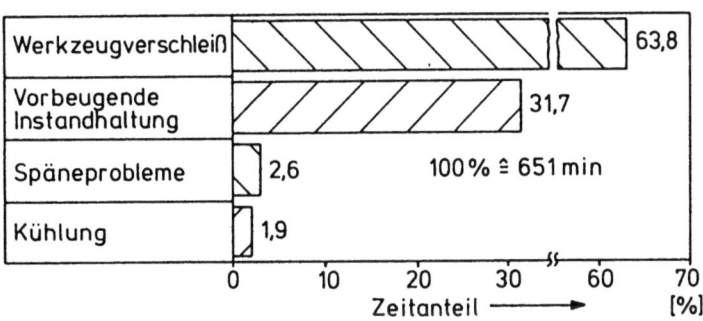

Bild 71: Technische Störungsursachen an CNC-Universal-Fräsmaschinen (Zeitanteile)

Zusammenfassend kann gesagt werden, daß die Bohr- und Fräsbearbeitung von Einzelteilen und kleinen Serien auf flexibel automatisierten Fertigungsmitteln am häufigsten durch Fertigungsprozeßstörungen unterbrochen wird. Die Leistungsfähigkeit dieser Fertigungsmittel kann dagegen entscheidend durch die Reduzierung der Rüstzeiten erhöht werden.

6 EDV-gestützte Störadatenerfassung und -auswertung

6.1 Vorbemerkungen

Aufgrund der zunehmenden Komplexität von flexibel automatisierten Fertigungsmitteln müssen neue Instandhaltungsstrategien zur Erhaltung der Produktionsbereitschaft entwickelt werden. Um herauszufinden, wo Verbesserungen ansetzen müssen, ist es nötig, eine ausreichende Datenmenge zusammenzutragen und auszuwerten. Geeignete Hilfsmittel zur Handhabung von umfangreichen Datenmengen sind Programmsysteme zur EDV-gestützten Erfassung und Auswertung von Stördaten. In diesem Kapitel wird der grundsätzliche Aufbau solcher Programmsysteme dargestellt.

6.2 Ausgangssituation

Nach einer vor einigen Jahren (1981) durchgeführten Befragung /41/ wenden im Personal- und Rechnungswesen zwischen 65 und 90 % aller Unternehmen die EDV an, in der Materialwirtschaft sind es etwa 80 % und in der Produktion immerhin rund 65 %. In der Instandhaltung dagegen benutzen erst 16 % aller Unternehmen in der Bundesrepublik Deutschland die EDV als Hilfsmittel (Bild 72) /42/. Wie aus einer Veröffentlichung neueren Datums /43/ zu entnehmen ist, stimmen diese Befragungsergebnisse auch mit der heutigen Situation noch gut überein. Für diese geringe informationstechnische Durchdringung des Instandhaltungsbereiches ist einerseits das historisch gewachsene Schattendasein der Instandhaltung im Unternehmen, andererseits wohl das zu kleine Angebot an passender Software verantwortlich. Auf ein zu kleines Angebot an passender Software deuten folgende Einsatzhemmnisse für eine EDV-Einführung im Instandhaltungsbereich hin (in Anlehnung an /42/ und /44/):
- Mangelnde Benutzerfreundlichkeit der derzeit auf dem Markt befindlichen EDV-Systeme.
- Die Informationen werden nur global und nicht tiefer zugeordnet zur Verfügung gestellt.
- Die Informationen sind zeitlich nicht ständig verfügbar.

- Die zur Verfügung gestellten Informationen haben nicht die gewünschte Form.
- Die Anzahl der zur Verfügung gestellten Informationen ist zu groß und daher unübersichtlich.

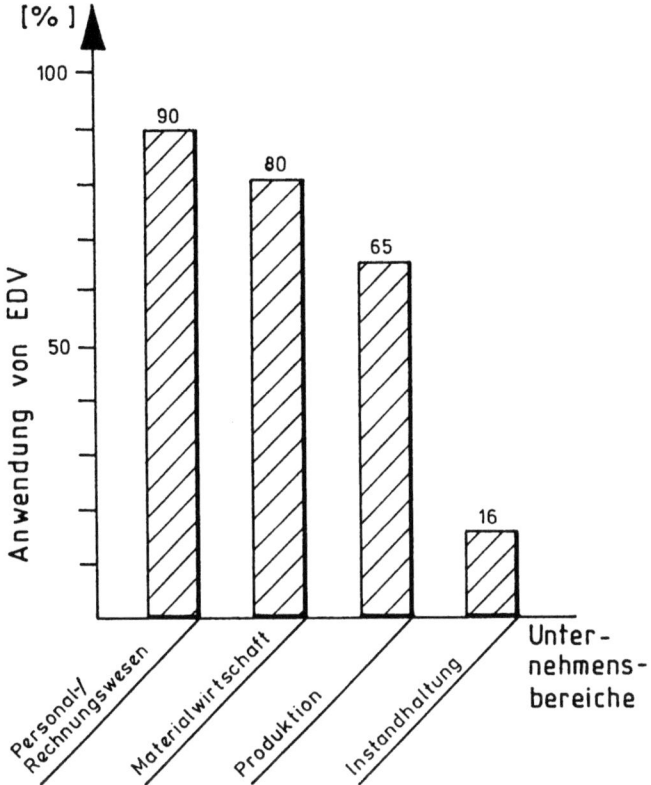

Bild 72: Anwendung von EDV in Industrieunternehmen

6.3 Zielsetzung

Aufgrund der in Abschnitt 6.2 genannten Einsatzhemmnisse wird die Entwicklung von Programmsystemen angestrebt, die folgende Eigenschaften besitzen:
- Anwenderfreundlichkeit durch Menüsteuerung,
- große Einsatzflexibilität durch den Aufbau von unterschiedlichen Maschinen-

strukturen über Programmbefehle,
- jederzeit direkter Zugriff zu aktuellen Informationen,
- Darstellung der gewünschten Informationen sowohl tabellarisch als auch in Form einer Semigraphik,
- Möglichkeit der Zusammenfassung von Informationen,
- modularer Aufbau, um Erweiterungen zu ermöglichen und
- geringer manueller Aufwand für die Datenverwaltung.

Mit Hilfe von Programmsystemen, die die oben aufgeführten Eigenschaften besitzen, soll zunächst durch gezielte und aktuelle Informationswiedergaben in Form von chronologischen Auflistungen und Statistiken eine Erhöhung der Transparenz des Störverhaltens von Fertigungsmitteln erreicht werden. Dadurch können im Lauf der Zeit
- die störungsbedingten Instandsetzungen verringert,
- die Anlagenstillstandszeiten vermindert und
- der Übergang von ungeplanter zu geplanter Instandhaltung gefördert werden.

6.4 Wirtschaftliche Notwendigkeit

Bei jedem EDV-Einsatz muß vorher überprüft werden, ob das Hilfs- und Organisationsmittel EDV wirtschaftlich überhaupt sinnvoll ist. Eines der wichtigsten Kriterien für eine wirtschaftliche EDV-Unterstützung ist nach /42/ unter anderem das Datenvolumen. Als Richtlinie für einen umfassenden EDV-Einsatz in der Instandhaltung werden in /42/ entweder
- mehr als 500 instandzuhaltende Anlagen oder
- mehr als 6000 bis 8000 Instandhaltungsaufträge pro Jahr genannt.

Da die Kosten für die nötige Hardware trotz steigender Leistungsfähigkeit ständig sinken, ist absehbar, daß sich die oben genannten Grenzen für einen sinnvollen EDV-Einsatz nach unten verschieben werden. Vor allen Dingen beim Einsatz von mittleren Datenverarbeitungsanlagen und PC's.

6.5   Einführung eines EDV-Systems

Die Notwendigkeit, Daten der Instandhaltung bzw. des Kundendienstes zu erfassen, zu verdichten und auszuwerten, wurde von den Anwendern und Herstellern erkannt. Bei einer EDV-Einführung deshalb sofort die große Lösung realisieren zu wollen, ist aber mit zu großem Risiko und zu großem Zeitaufwand verbunden. Die überwiegende Zahl der Gründe spricht dafür, die Einführung eines EDV-Systems stufenweise vorzunehmen. Ein System zur Instandhaltungsplanung und -steuerung (IPS), das alle Aufgaben von der Stördatenerfassung und -auswertung bis hin zur Kosten- und Terminplanung integriert, steht mit Sicherheit am Ende der Entwicklung. Da die Erhaltung und Erhöhung der Maschinenverfügbarkeit durch Schwachstellenanalyse und -beseitigung mit zu den wichtigsten Instandhaltungs- und Kundendienstaufgaben gehören /45/, sollte hier zunächst eine befriedigende Lösung gefunden werden. Eine lückenlose Erfassung aller vorhandenen maschinenbezogenen Instandhaltungs- bzw. Kundendienstdaten mit Hilfe der EDV ist dazu unbedingt notwendig /45/.

Außerdem wäre es wünschenswert, wenn die Anwender auch fertigungsprozeßbedingte und organisatorisch bedingte Stillstände erfassen würden. Werden nur Stillstände infolge von Störungen berücksichtigt, die einen Einsatz der Instandhalter bzw. Kundendienstmonteure notwendig machen, erhält man ein vollkommen falsches Bild vom tatsächlichen Nutzungsverhalten der Maschinen. Daraus lassen sich keine Instandhaltungsstrategien ableiten. Instandhaltungsstrategien sollten darauf abzielen, die Stillstandszeiten der Maschinen zu verkürzen. Zu diesem Zweck müssen der Instandhaltungsplanung Informationen zur Verfügung gestellt werden, in welchen Zeitabständen welche Baugruppen und -elemente zu einem Maschinenstillstand führen. Daraus können Präventiv- und Inspektionsmodelle abgeleitet werden. Als Basis für diese Berechnung wird unter anderem die tatsächliche Nutzungszeit der Maschinen benötigt (siehe Abschnitt 4.2.2).

Die Eingabe der Daten in den Rechner stellt ein weiteres Problem dar (Stördatenerfassung). Die Stördatenerfassung setzt entweder eine weitgehend automatisierte Datenerfassung und damit eine EDV-geeignete und -orientierte Infrastruktur des

Betriebes voraus oder die Bereitschaft eines Unternehmens, Arbeitskräfte für die umfangreiche und nicht direkt produktive Eingabearbeit freizustellen. Im zweiten Fall wird man wie bisher die Stördaten mittels Reparaturkarten, Störungsbüchern sowie Zeitschreibern erfassen und dann manuell in den Rechner eingeben. Dies verlangt nach /15/ aber eine exakte Fehlerbeschreibung und Teilebezeichnung (beispielsweise in Form von Kodierungslisten), da die Texte und Kommentare auf Reparaturkarten oder in Störungsbüchern oft mehrdeutig und mißverständlich sind.

Damit ergibt sich folgende Vorgehensweise bei der Einführung eines EDV-Systems zur Stördatenerfassung und -auswertung:
- Durchführen einer Situationsanalyse.
- EDV-Einsatz vorbereiten durch das Einführen von Kodierungslisten und EDV-geeigneten Störmeldekarten. In Kodierungslisten müssen beispielsweise die Störorte in Form eines Strukturkatalogs (Funktionskomplexe, Baueinheiten, Baugruppen und Bauteile), die Schadensbilder, die Störungsursachen und die Maßnahmen zur Störungsbehebung enthalten sein. Die Hauptaufgabe bei der Erstellung von Kodierungslisten besteht nach /46/ darin, aus der Vielzahl der angebotenen Begriffe und Aktivitäten eine wirtschaftlich vertretbare Auswahl zu treffen.
- Erstellen eines Pflichtenheftes, in dem die betriebsspezifischen Anforderungen festgelegt sind, die an Hard- und Software gestellt werden.
- Erstellen der Software und der Dokumentation (DV-Handbuch, Anwenderhandbuch).
- Erfassen von Maschinen- und Anlagestammdaten (Inventarnummer, Typ, Hersteller u.ä.) und Abspeicherung in einer Stammdatei, auf die die Programme zur Stördatenerfassung und -auswertung Zugriff haben. Die generelle Erfassung eines bestimmten Maschinenparkes kann sukzessive durchgeführt werden (z.B. zuerst Engpaßmaschinen, Sondermaschinen, Transferstraßen usw.).
- Durchführen einer Pilotanwendung, im Rahmen derer die Anregungen der Benutzer berücksichtigt werden. Dies ist eine wesentliche Voraussetzung für einen sinnvollen EDV-Einsatz. Die hier vorgestellten Programmsysteme waren nur durch die engagierte Hilfe von Instandhaltungsmitarbeitern eines großen Un-

ternehmens in dieser Form zu realisieren, so daß eine diesbezügliche Empfehlung nur unterstrichen werden kann.
- Integrieren von sinnvollen Änderungen, die sich aufgrund der Pilotanwendung ergeben.
- Einführen einer EDV-gestützten Störddatenerfassung und -auswertung mit manueller Dateneingabe.
- Aufbauen einer EDV-geeigneten und -orientierten Infrastruktur.
- Einführen einer weitgehend automatisierten Datenerfassung.

Der Aufbau einer weitgehend automatisierten Datenerfassung kann über ein Diagnosemodul auf Zellenrechnerebene ablaufen, in dem eine umfassende Störddatenerfassung bezüglich der Maschine, des Prozesses und der organisatorischen Gegebenheiten im Bereich einer Maschine und ihrer zugeordneten Peripherie online vor Ort erfolgen kann. Durch einen vernetzten Informationsfluß können die Daten dem gesamten hierarchischen Rechnersystem an jeder Stelle zur Verfügung stehen. Diese Daten können dann sowohl von der Instandhaltung als auch von der Produktion als Informationsbasis verwendet werden, da jede Störung im Ablauf Auswirkungen auf den Nutzungsgrad der Anlagen und damit ganz unmittelbar auf die Wirtschaftlichkeit hat. Außerdem können diese Daten auch den einzelnen Werkzeugmaschinenherstellern zur Verfügung gestellt werden. Die beiden in Abschnitt 6.7 vorgestellten Programmpakete dienen jedoch in erster Linie der EDV-gestützten Störddatenerfassung und -auswertung (mit manueller Dateneingabe) im Instandhaltungs- bzw. Kundendienstbereich. Da, wie in Abschnitt 6.2 gezeigt, die Unterschätzung der Bedeutung der Instandhaltung bisher dazu geführt hat, daß sie informationstechnisch nur mangelhaft ausgerüstet ist, wird hier zunächst der größte Nachholbedarf gesehen.

6.6 Abzuspeichernde Daten

Nach einem Entwurf für die DIN 31053 (Informationssysteme für die Instandhaltung) /47/ sollen folgende Anlagedaten erfaßt werden:
- Identifizierende Daten,
- standortbezogene Daten und
- Anlagedaten aus der Sicht der Instandhaltung bzw. des Kundendienstes.

Unter Anlagedaten werden nach diesem Normentwurf alle Daten verstanden, die für eine bestimmte Betrachtungseinheit von Bedeutung sind.

Zu den identifizierenden Daten zählen nach /47/
- der Hersteller bzw. der Anwender einer Betrachtungseinheit,
- der Typ (laut Hersteller),
- das Herstellerkennzeichen,
- das Baujahr und
- die Inventarnummer bzw. die Maschinennummer.

Die Inventarnummer bzw. die Maschinennummer dient zur Kennzeichnung einer individuellen Betrachtungseinheit.

Zu den standortbezogenen Daten zählen nach /47/
- Umweltdaten,
- Belastungsdaten und
- Technologiedaten.

Diese Daten sollen angegeben werden, wenn sie für das Störverhalten einer Betrachtungseinheit von wesentlicher Bedeutung sind.

Zu den Anlagedaten aus der Sicht der Instandhaltung bzw. des Kundendienstes zählen
- der Störungseintritt (Datum, Uhrzeit),
- die Reaktionszeit (Zeit zwischen Störungsmeldung und Beginn der Instandsetzung),
- die Instandsetzungszeit (Zeit zwischen Beginn und Ende der Instandsetzung),
- der Störungsort,

- das Schadensbild (Beispiele: Eingelaufen, gefressen, schwergängig, undicht, verformt, verstellt, verstopft u.ä.),
- die Störungsursache (Beispiele: Alterung/Verschleiß, Bedienungsfehler, fehlerhaftes NC-Programm, Herstellmängel, Konstruktionsmängel u.ä.),
- die Maßnahmen zur Störungsbehebung (Beispiele: Ausgetauscht, eingestellt, gereinigt u.ä.),
- die Unterscheidung ob Primär- oder Folgefehler,
- die Unterscheidung ob mit oder ohne Stillstandszeit (Zeit zwischen Störungsmeldung und Meldung der Betriebsbereitschaft),
- der Inspektions- und Wartungsaufwand (Beispiele: Mannstunden, Ersatzteile) und
- der Instandsetzungsaufwand (Beispiele: Mannstunden, Ersatzteile).

In ausgeführten Kodierungslisten werden in der Regel folgende Angaben zur Beschreibung des Störungsortes verwendet:
- Funktionskomplex (Beispiele: Achsantriebssystem, Hauptantriebssystem, Steuerungssystem, Werkzeugsystem u.ä.),
- Baueinheit (Beispiele: Antrieb Achsen, Antrieb Hauptspindel, CNC, Anpaßteil/SPS, Werkzeugspannung, Werkzeugmagazin, Werkzeugwechsel u.ä.),
- Baugruppe (Beispiele: Kugelrollspindel, Motor, Hauptspindel, Steckkarten, Spanneinrichtung, Greifer u.ä.) und
- Bauteil (Beispiele: Lager, Spindel, Spindelmutter, IC, Diode, E-Prom, Induktivschalter u.ä.).

Die oben aufgeführte Beschreibung des Störungsortes kann auch in Form einer Baumstruktur dargestellt werden, da eine Baumstruktur nichts anderes als die graphische Darstellung des Baukastenprinzips ist.

Daraus ergibt sich folgendes Aussehen einer EDV-geeigneten Störmeldekarte für die Instandhaltung bzw. den Kundendienst:

STÖRMELDEKARTE für die Instandhaltung (Lfd. Nr.:_____)
(bzw. den Kundendienst)

Inventarnummer:_____   Hersteller:_____.
(bzw. Maschinennummer)   (bzw. Kunde)
Kostenstelle..:_____   Typ.......:_____.
(bzw. Kundennummer)

Datum der Störungsmeldung..:_____.
Uhrzeit der Störungsmeldung:_____.
Reaktionszeit..........[h]:_____.
Instandsetzungszeit.....[h]:_____.
Stillstandszeit.........[h]:_____.

Störungsort:
- Funktionskomplex.....:_____.
- Baueinheit...........:_____.
- Baugruppe............:_____.
- Bauteil..............:_____.

Schadensbild...........:_____.
Störungsursache........:_____.
Instandhaltungsmaßnahme:_____.
Primär- o. Folgefehler.:_____.
Instandhalterkommentar.:_____.
(bzw. Kommentar des Kundendienstmonteurs)

Instandhalter..........:_____.
(bzw. Kundendienstmonteur)

Zusätzlich können bei den Anwendern Störmeldekarten für die Produktion verwendet werden, in denen alle nicht von der Instandhaltung erfaßten Störungen (z.B. fertigungsprozeßbedingt oder organisatorisch bedingt) oberhalb einer minimalen Stillstandszeit festgehalten werden. Die Störmeldekarten werden zusammen mit Kodierungslisten verwendet.

6.7 Leistungsumfang und Aufgabenabgrenzung von Programmsystemen zur Stördatenerfassung und -auswertung anhand von zwei Beispielen

6.7.1 Vorbemerkungen

In diesem Abschnitt werden zwei Programmsysteme zur Stördatenerfassung und -auswertung vorgestellt. Eines der beiden Programmsysteme (Strukturbaumsystem) wurde als kostengünstige PC-Lösung realisiert. Das zweite Programmsystem (Fehlerbaumsystem) wurde auf einer mittleren Datenverarbeitungsanlage entwickelt, da nach /48/ bei PC-Lösungen meist recht schnell die Grenzen der Systemkapazität erreicht sind, Schnittstellen zur übrigen EDV-Architektur im Unternehmen fehlen, oder ganz einfach zu lange Zugriffszeiten, hervorgerufen durch großes Datenvolumen, die Regel sind.

6.7.2 Strukturbaumsystem

6.7.2.1 Programmaufbau des Strukturbaumsystems

Das Strukturbaumsystem (Bild 73) besteht aus vier Programmen (STAMMEIN, EINGABE, AUSLIST, AUSWERT), die zwei Dateien als gemeinsame Datenbasis haben (STAMMDATEI, STÖRDATEI). Die beiden Dateien sind sequentiell (mit sequentiellem Zugriff) organisiert. Außerdem greifen die Programme EINGABE, AUSLIST und AUSWERT auf sequentiell organisierte Dateien zu, in denen Strukturbäume (der technische Teil eines Strukturbaumes entspricht im wesentlichen einer Baukastenstrukturstückliste der Maschine; siehe Bild 80) für einzelne Maschinengruppen (z.B. CNC-Bearbeitungszentren, CNC-Drehmaschinen u.ä.), Fehlerursachen und Instandhaltungsarbeiten abgespeichert sind. Das Programm EINGABE kodifiziert mit Hilfe dieser Dateien Fehlerorte, Fehlerursachen und Instandhaltungsarbeiten. Die Programme AUSLIST und AUSWERT verwenden diese Dateien zum Dekodieren von Fehlerorten, Fehlerursachen und Instandhaltungsarbeiten. Die vier Programme wurden in der Programmiersprache Pascal erstellt.

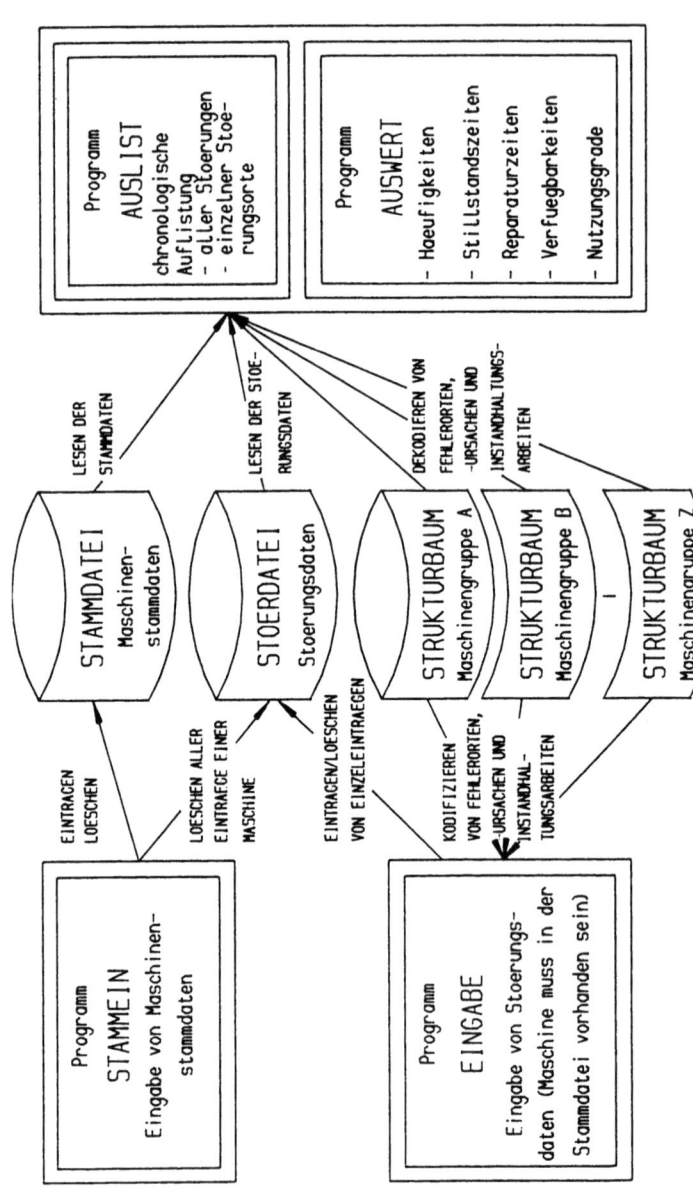

Bild 73: Programmaufbau des Strukturbaumsystems

6.7.2.2 Eigenschaften des Strukturbaumsystems

Folgende Spezifikationen, die sich aus den gewünschten Eigenschaften (Abschnitt 6.3) ergaben, sind in das Programmsystem eingeflossen:
- Vollkommen flexibler Aufbau von Strukturbäumen sowie von Menüs für Fehlerursachen und Instandhaltungsarbeiten. Der Aufbau von Strukturbäumen für einzelne Fertigungsmittel eines bestimmten Maschinenparks kann sukzessive durchgeführt werden (z.B. zuerst Engpaßmaschinen, Sondermaschinen usw.) bis für jedes Fertigungsmittel ein Strukturbaum vorhanden ist. Für Fertigungsmittel, die ähnliche oder gleiche Strukturen aufweisen, wird jeweils nur ein Strukturbaum aufgebaut. Bei diesen Fertigungsmitteln erfolgt der Zugriff auf eine individuelle Betrachtungseinheit über die Inventarnummer bzw. die Maschinennummer.
- Maskenorientierte Eingabe von Stördaten (Bilder 74 und 75). Dabei ist das Pro-

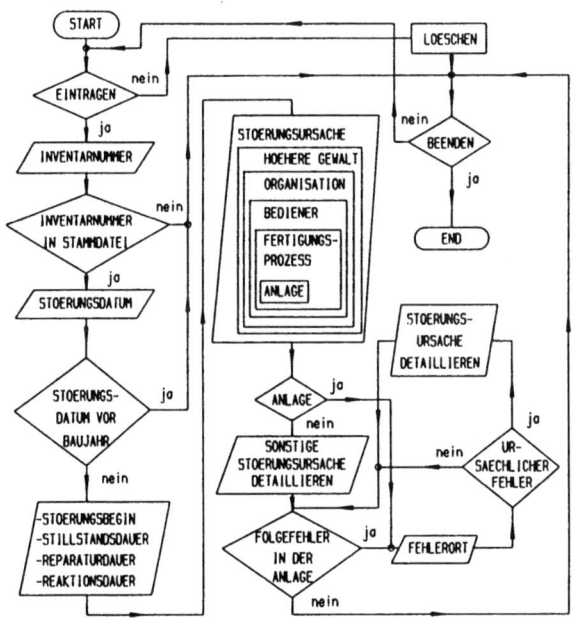

Bild 74: Flußdiagramm der Störungseingabe

1.EBENE

WO LIEGT DIE URSACHE DER STOERUNG BZW. DER FEHLERORT?

```
ANLAGE...............................01
FERTIGUNGSPROZESS.....................02
BEDIENER/EINSTELLER...................03
ORGANISATION..........................04
HOEHERE GEWALT........................05
UNBEKANNT.............................99
```

2.EBENE/FERTIGUNGSPROZESS

WELCHE PROZESS-STOERUNG FUEHRTE ZUM ANLAGENSTILLSTAND?

```
NICHT MEHR UNTERTEILT.................00
SPAENEPROBLEME........................71
WERKSTOFFEHLER........................72
WERKZEUGBRUCH.........................73
WERKZEUGVERSCHLEISS...................74
SONSTIGES.............................50
```

Bild 75: Beispiel für Eingabeführung mit Menüs

gramm so konzipiert, daß auch Unterbrechungen eingegeben werden können, deren Ursachen auf Fertigungsprozeßstörungen, Bedienerfehler, Organisationsmängel oder höhere Gewalt zurückzuführen sind. Die Störungen aufgrund von Bedienerfehlern werden hier nicht mit den Organisationsmängeln zusammen betrachtet, um eine detaillierte Fehlerursachenanalyse bezüglich der Bedienereinflüsse zu ermöglichen. Die eingegebenen Stördaten werden in der Stördatei abgelegt (Bild 76).

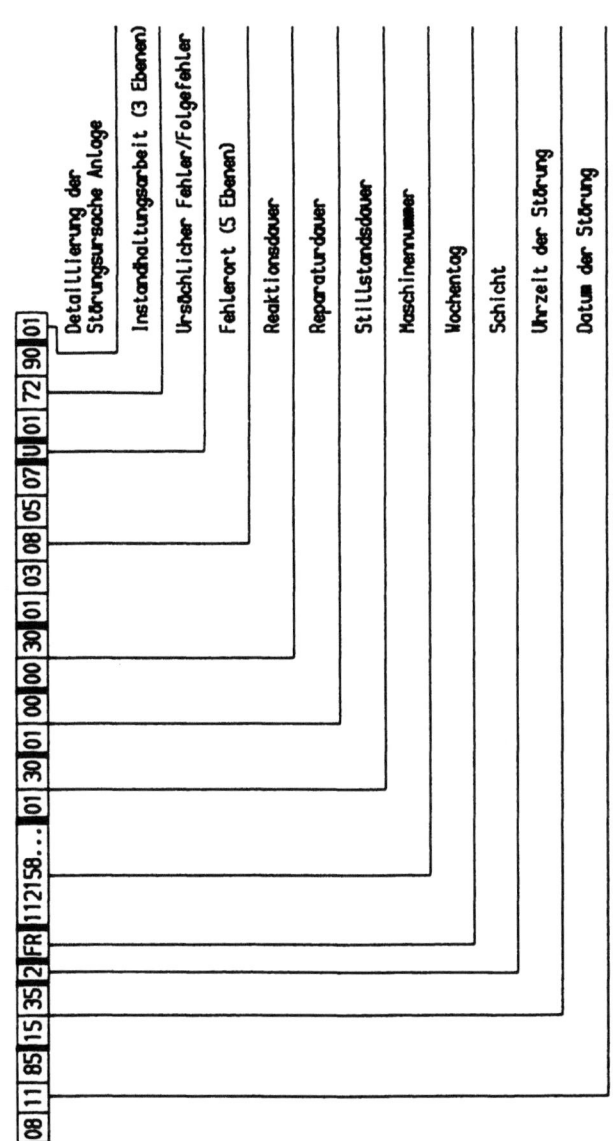

Bild 76: Kodifizierung einer Störung in der Stördatei

- Maskenorientierte Eingabe von Stammdaten, die in der Stammdatei abgelegt werden (Bild 77).

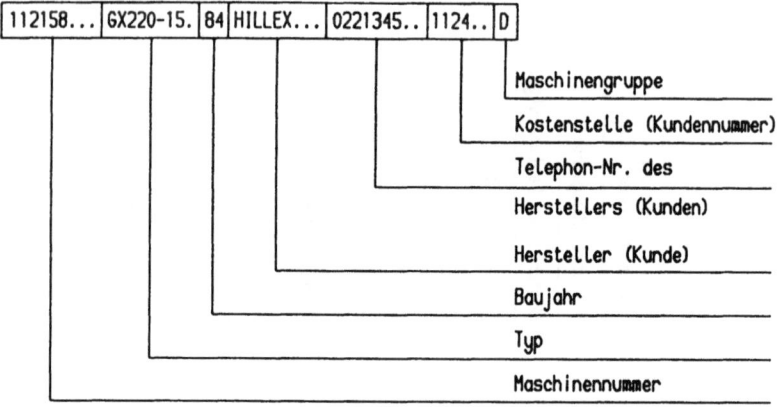

Bild 77: Kodifizierung eines Fertigungsmittels in der Stammdatei

- Auswertung der abgespeicherten Stördaten nach unterschiedlichen Kriterien. Ausgabe von Ergebnissen sowohl am Bildschirm als auch am Drucker. Erstellen von Graphiken und Tabellen.

6.7.3 Fehlerbaumsystem

6.7.3.1 Fehlerbaum-Methode

Für die Untersuchung komplexer technischer Systeme hat sich die Fehlerbaum-Methode bewährt, bei der man das unerwünschte Ereignis, das sogenannte "top event" des Fehlerbaumes, vorgibt und nach allen Ursachen sucht, die zum Auftreten dieses Ereignisses führen können. Die Fehlerbaum-Methode ermöglicht durch graphische Darstellung eine übersichtliche Behandlung von technischen Systemen. Sie ist nach /49/ ein vollständiges Verfahren, d.h., aufgrund der deduktiven Vorgehensweise liefert sie bei konsequenter Anwendung alle Ereigniskombinationen, die zum unerwünschten Ereignis führen. Ein Fehlerbaum kann deshalb wie folgt charakterisiert werden /50/:

- Analysetechnik, um alle Wege, die zu einem unerwünschten Ereignis führen, herauszufinden.
- Graphisches Modell, das die logischen Beziehungen zwischen den Grundereignissen herstellt.

Ein Fehlerbaum ist kein Modell für alle denkbaren unerwünschten Systemzustände, sondern er ist beschränkt auf jenen Zustand, der durch Definition des "top event" (Wurzelknoten des Fehlerbaumes) vorgegeben ist. Aus diesem Grund enthält er auch nicht alle denkbaren Ereignisse (Knoten des Fehlerbaumes), sondern nur jene, die für das vorgegebene "top event" von Relevanz sind. Ursprüngliches Ziel der Fehlerbaum-Methode ist die qualitative Beurteilung von Systemen. Durch entsprechende Erweiterungen des Modells sind aber auch quantitative Betrachtungen möglich. Die quantitative Auswertung von Fehlerbäumen für komplexe technische Systeme ist allerdings nur mit Hilfe von Rechenanlagen sinnvoll.

Beim Fehlerbaumsystem wird die Fehlerbaum-Methode zur Ermittlung der Stillstandszeiten von Fertigungsmitteln eingesetzt. Die Stillstandszeit eines Fertigungsmittels in einem bestimmten Auswertungszeitraum wird vom Programm automatisch während eines Durchlaufes des gesamten Fehlerbaumes aus den Ausfallzeiten der Subsysteme und deren Elementen ermittelt. Dabei werden vom Programm die logischen Verknüpfungen der einzelnen Ereignisse (Knoten) berücksichtigt. Der Fehlerbaum wird entsprechend der "Preorder"-Methode (nach /51/) durchlaufen. In Bild 78 wird ein einfaches Beispiel für diese Methode zum Abarbeiten von Fehlerbäumen gezeigt. Die Zahlen an den einzelnen Knoten geben die Reihenfolge an, in der sie bearbeitet werden.

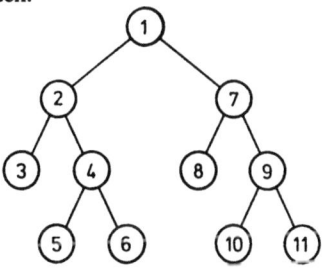

Bild 78: Durchlaufen eines Fehlerbaumes nach der "Preorder"-Methode

Die Aussagefähigkeit der Ergebnisse ist zum größten Teil von der Sorgfalt des Anwenders beim Aufstellen des Fehlerbaumes sowie von der Brauchbarkeit der eingegebenen Stördaten abhängig. Das Aufbauschema eines Fehlerbaumes zeigt Bild 79.

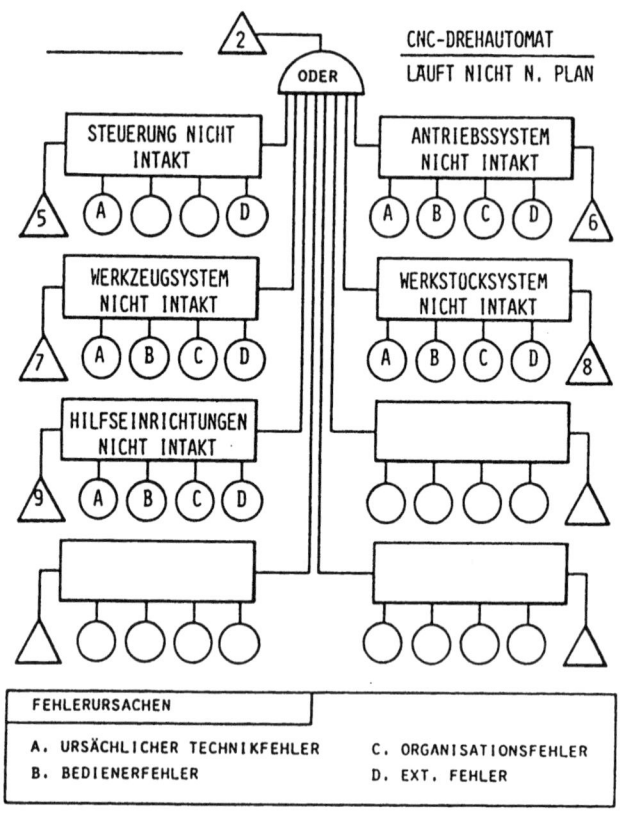

Bild 79: Teilfehlerbaum eines CNC-Drehautomaten

Anhand dieses Teilbaumes können die Ursachen für den Ausfall eines CNC-Drehautomaten analysiert werden. Die Zahlen 5 bis 9 verweisen auf weitere Teilbäume, die eine noch detailliertere Analyse ermöglichen. Ausgangspunkt für diesen Ausschnitt aus einem Gesamtfehlerbaum für ein bestimmtes "top event" (z.B. Fertigung von Arbeitsgegenstand X läuft nicht nach Plan) ist, daß für die Funktion eines CNC-Drehautomaten die Funktion der wichtigsten Funktionskomplexe (z.B. Steuerung, Antriebssystem u.ä.) notwendig ist. Dies bedeutet im Teilfehlerbaum, daß der CNC-Drehautomat dann nicht nach Plan läuft, wenn die Steuerung oder das Antriebssystem o.ä. ausfällt (logische ODER-Verknüpfung). Bei Fertigungsmitteln ist der technische Teil eines Fehlerbaumes praktisch mit der Maschinenstruktur identisch, so daß der Fehlerbaum in eingerückter Darstellung im wesentlichen einer Baukastenstrukturstückliste der Maschine entspricht (Bild 80; Darstellung ohne Verknüpfungen).

Der systematische Unterschied zwischen einem Fehlerbaum und einem Strukturbaum besteht darin, daß bei einem Fehlerbaum berücksichtigt wird, wie die einzelnen Funktionskomplexe, Baueinheiten, Baugruppen und Bauelemente logisch miteinander verknüpft sind. Die Verknüpfung der einzelnen Ereignisse (z.B. Steuerung nicht intakt, Werkzeugsystem nicht intakt u.ä.) erfolgt in der Regel durch ODER-Gatter, es sei denn, die Maschinenstruktur enthält bereits redundante Elemente. In diesen Fällen sind UND-Verknüpfungen erforderlich. Außerdem erlaubt das Fehlerbaumsystem die Angabe einer Pufferzeit an jedem Knoten, die bewirkt, daß ein an diesem Knoten eingetretenes Ereignis sich erst nach Ablauf einer Pufferzeit auf den vorhergehenden Knoten auswirkt (Bild 81).

Fehlerbäume wurden in den vergangenen 15 bis 20 Jahren in erster Linie im Zusammenhang mit Kernkraftwerken verwendet, da sie eine tiefgehende Fehleranalyse bis zu den Grundursachen ermöglichen. Bei der Anwendung auf Fertigungsmittel werden vier verschiedene Grundursachen, die sogenannten "basic events" (Blätter des Fehlerbaumes) unterschieden, die zum Eintritt des "top event" (Hauptereignis bzw. unerwünschtes Ereignis) führen können:

```
                                    x-Tacho n. i.
                                    x-Weggeber n. i.
                        x-Vorschubantrieb n. i.
                                    x-Leistungsteil n. i.
                                    x-Regeleinrichtung n. i.
                                    x-Netzteil n. i.
            Antriebssystem n. i.
                                    z-Schlitten n. i.
                                    z-Kugelrollsp. sys. n. i.
                                    z-Antriebsmotor n. i.
                                    z-Tacho n. i.
                                    z-Weggeber n. i.
                        z-Vorschubantrieb n. i.
                                    z-Leistungsteil n. i.
                                    z-Regeleinrichtung n. i.
                                    z-Netzteil n. i.

                                Werkzeuge n. i.
                                Revolver n. i.
                    Werkzeugsystem n. i.
                                Werkzeugantrieb n. i.
CNC-Dreh. 1. n. n. Pl.
                                Spannautomatik n. i.
                                Backenfutter n. i.
                    Werkstuecksystem n. i.
                                Werkstueck fehlerh.

                                Frischoelschmier. n. i.
                                Kuehlmitteleinr. n. i.
                                Zentralhydraulik n. i.
                                Spaeneabfuehrung n. i.
                    Hilfseinrichtungen n. i.
```

Bild 80: Fehlerbaumauschnitt eines CNC-Drehautomaten

— gepuffertes ODER-Gatter

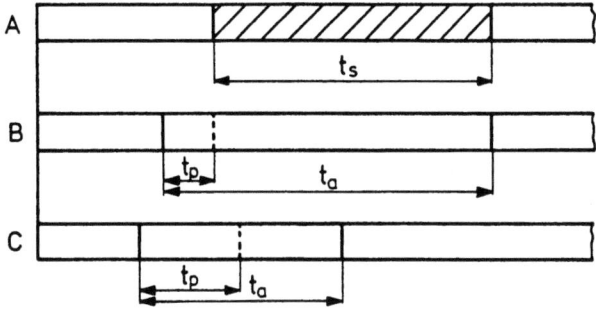

— gepuffertes UND-Gatter

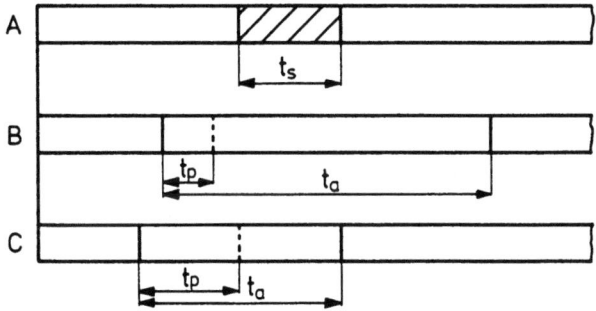

A   : Anlage
B,C : Komponenten der Anlage A
t_p : Pufferzeit der Komponente (entspricht Knoten beim Baum)
t_a : Ausfallzeit
t_s : Stillstandszeit

Bild 81: Gepufferte Gatter

- Ursächliche Technikfehler (z.B. Störungen, die durch den allmählichen Verbrauch des Nutzungsvorrates oder durch den Fertigungsprozeß verursacht werden),
- Bedienerfehler,
- Organisationsfehler (z.b. fehlerhaft an die Maschinen gelieferte NC-Programme, die zu Kollisionen führen) und
- Fehler durch externe Einwirkungen (z.B. Störungen durch höhere Gewalt).

Diese Ausfallursachen ersetzen die in Betrieben verwendeten Fehlerartenschlüssel, die häufig unlogisch und unstrukturiert aufgebaut sind. Die Störungen aufgrund von Bedienerfehlern werden hier nicht mit den Störungen aufgrund von Organisationsfehlern zusammen betrachtet, um eine detaillierte Fehlerursachenanalyse bezüglich der Bedienereinflüsse zu ermöglichen.

6.7.3.2 Programmaufbau des Fehlerbaumsystems

Das Fehlerbaumsystem ist aus einzelnen miteinander korrespondierenden Programmteilen (Moduln) aufgebaut (Tabelle 27). Die Wahl dieser Struktur erleichtert zum einen die Programmierung, da die Teilprogramme in der Regel überschaubarer sind, zum anderen läßt sie alle Möglichkeiten für einen weiteren Ausbau des Programmsystems offen. Wegen ihres Modulkonzeptes wurde die Programmiersprache Modula-2 gewählt. Bild 82 zeigt die einzelnen Moduln des Fehlerbaumsystems in ihrer hierarchischen Ordnung. Niedrigere Hierarchieebenen (Schichten) exportieren nur in höhere Ebenen. Da sich die Modula-Utilities (Modula-Dienstprogramme) auf der niedrigsten Hierarchieebene befinden, werden sie in alle darüber liegenden Schichten exportiert. Es ist offensichtlich, daß ein derart strukturiertes Programmsystem leichter zu entwickeln ist. Von den sieben Dateien, die vom Fehlerbaumsystem angelegt werden, bzw. auf die zugegriffen wird, sind fünf sequentiell (mit sequentiellem Zugriff) und zwei indexsequentiell (mit Zugriff über Schlüssel) organisiert.

Modulname	Aufgaben des Moduls
GraphRep	Unterstützt den Benutzer beim Auswerten von Instandsetzungsdaten.
GraphPlM1	Unterstützt den Benutzer beim Auswerten von Wartungs- und Inspektionsdaten.
ModifyFT	Unterstützt den Benutzer beim Erstellen, Ändern und Löschen von Fehlerbäumen.
RestData	Unterstützt den Benutzer bei der Wiederherstellung von Listeneinträgen nach dem Verlust von Baumdateien.
Repair	Erstellt Listen bei der Auswertung von Instandsetzungsdaten.
PlanMain1	Erstellt Listen bei der Auswertung von Wartungs- und Inspektionsdaten.
InputData	Unterstützt den Benutzer beim Eingeben von Instandsetzungs-, Wartungs- und Inspektionsdaten.
Paper	Unterstützt den Benutzer bei der Ausgabe von Arbeitspapieren für die Wartung und Inspektion.
PrintTree	Stellt Fehlerbäume auf Benutzeranfrage sowohl am Bildschirm als auch am Drucker dar.
FaultTree	Stellt Prozeduren zur Handhabung von Bäumen zur Verfügung.
ManMAD	Unterstützt den Benutzer beim Eingeben, Ändern und Löschen von Maschinenstammdaten.
ManAPD	Unterstützt den Benutzer beim Erstellen, Ändern und Löschen von Arbeitsplänen.
Decoder	Überprüft die Programmbefehle auf syntaktische Richtigkeit.
Store	Stellt Prozeduren zur Handhabung von sequentiell organisierten Dateien zur Verfügung.
StepDate	Stellt Prozeduren zur Verarbeitung von Datum-Records zur Verfügung.
Show	Zeigt die Programmbefehle, die das Fehlerbaumsystem anbietet, auf Benutzeranfrage am Bildschirm.
AuxProc	Stellt Prozeduren zur Verfügung, auf die andere Modul häufig zugreifen.
Database	Stellt Prozeduren zur Handhabung der indexsequentiell organisierten Stammdatei zur Verfügung.
Database2	Stellt Prozeduren zur Handhabung der indexsequentiell organisierten Arbeitsplandatei zur Verfügung.

Tabelle 27: Aufgaben der einzelnen Moduln des Fehlerbaumsystems

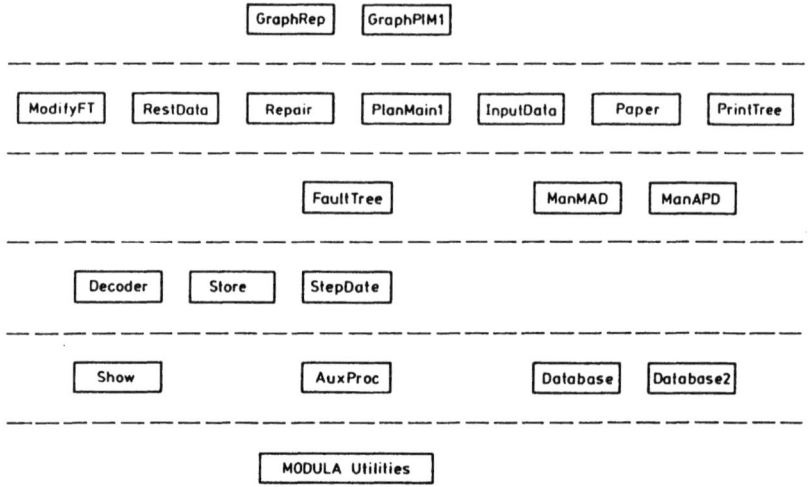

Bild 82: Modulhierarchie des Fehlerbaumsystems

6.7.3.3 Eigenschaften des Fehlerbaumsystems

Folgende Spezifikationen, die sich aus den gewünschten Eigenschaften (Abschnitt 6.3) ergaben, sind in das Programmsystem eingeflossen:

- Vollkommen flexibler Aufbau von Fehlerbäumen über Programmbefehle. Dabei können Bäume und Knoten durch mächtige Befehle gelöscht, an anderen Stellen angehängt oder neu geschaffen werden (Modifikation). Der Aufbau von Fehlerbäumen für Fertigungsmittel eines bestimmten Maschinenparks kann sukzessive durchgeführt werden (z.B. zuerst Engpaßmaschinen, Sondermaschinen usw.) bis für jedes Fertigungsmittel ein Fehlerbaum vorhanden ist. Für Fertigungsmittel, die ähnliche oder gleiche Strukturen aufweisen, wird jeweils nur ein Fehlerbaum aufgebaut. Bei diesen Fertigungsmitteln erfolgt der Zugriff auf eine individuelle Betrachtungseinheit über die Inventarnummer bzw. die Maschinennummer.

- Möglichkeiten der Datensicherung durch Logfiles und Programme zur Wiederherstellung von Datenbeständen (Logbuch).
- Maskenorientierte Eingabe (Updating) von Stördaten (Störungseintritt, Stillstandszeit, Instandsetzungszeit, Schadensbild, Störungsursache, Instandsetzungsmaßnahme u.ä.). Die einzelnen Stördaten werden jeweils an den Knoten eingegeben, deren Ereignisse eingetreten sind (z.B. am Knoten mit dem Ereignis "Steuerung nicht intakt"). Hierzu muß der Anwender aus einer Baumtabelle den richtigen Fehlerbaum (z.B. CNC-Drehautomat läuft nicht nach Plan) heraussuchen und anschließend im Fehlerbaum den richtigen Knoten (z.B. Steuerung nicht intakt) wählen. Am gewählten Knoten können dann menügestützt die Stördaten eingegeben werden. Die einzelnen Stördaten werden in Listen an den jeweiligen Knoten chronologisch abgespeichert.
- Auswertung sämtlicher Stördaten nach der Fehlerbaum-Methode und anschließend nach bestimmten Kriterien. Ausgabe von Ergebnissen sowohl am Bildschirm als auch am Drucker. Erstellen von Graphiken und Tabellen. Die Auswertung läuft prinzipiell in drei Stufen ab. Die erste Stufe erledigt die Fehlerbaumanalyse. Dabei wird von der Baumstruktur auf eine Liste übergegangen. Die zweite Stufe reduziert die Informationen der oben genannten Liste nach den Angaben des Suchkriteriums. Die dritte Stufe stellt keine Informationsverarbeitung mehr dar, sie sorgt lediglich für ein verschiedenartiges Auftragen der Informationen. Durch den Fehlerbaum werden alle Informationen, die unterhalb des "top event" stehen, in die Betrachtung einbezogen. Das Suchkriterium verdichtet die Informationen weiter, jetzt aber in eine vom Anwender beabsichtigte Richtung. Es können beispielsweise gleiche Baugruppen, Instandhaltungsmaßnahmen und Ausfallursachen gesucht werden. Weitere Abfragen beziehen sich auf die Darstellung der Informationen. Die zu erbringenden Leistungen des Fehlerbaumsystems sind vergleichbar mit denen einer Datenbank und sind in Bild 83 zusammenfassend dargestellt.

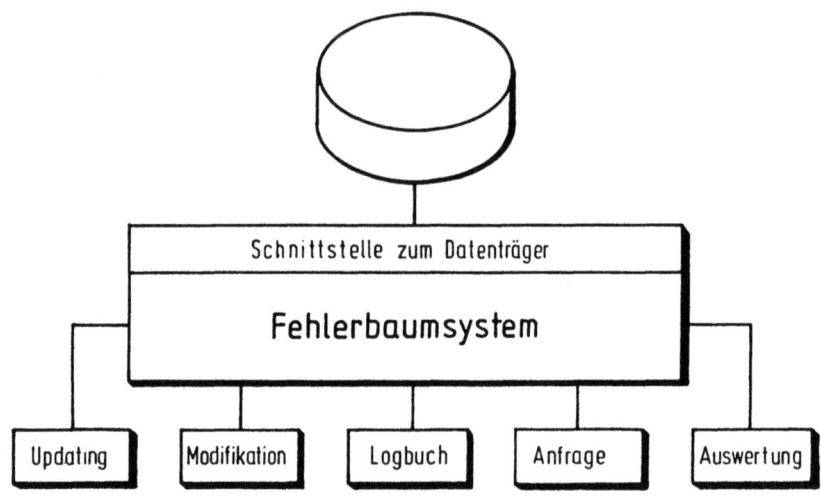

Updating:	Bedienerfreundliche Masken unterstützen den Benutzer bei der Dateneingabe.
Modifikation:	Programmbefehle unterstützen den Benutzer beim Erstellen, Ändern und Löschen von Fehlerbäumen.
Logbuch:	Jede Bearbeitungssitzung wird aufgezeichnet.
Anfrage:	Eine eigene Anfragesprache unterstützt den Benutzer bei der Formulierung von komplexen Anfragebedingungen.
Auswertung:	Bedienerfreundliche Menüs unterstützen den Benutzer bei der Datenauswertung.

Bild 83: Dienste des Fehlerbaumsystems

Weitere Möglichkeiten des Fehlerbaumsystems in der derzeitigen Ausbaustufe sind
- Stammdatenverwaltung
- Arbeitsplanverwaltung (für Wartungs- und Inspektionsmaßnahmen) und
- die Erstellung von Arbeitspapieren (für Wartungs- und Inspektionsmaßnahmen).

6.7.3.4 Vergleich beider Systeme

Strukturbaumsystem

Das Strukturbaumsystem ist als kostengünstige PC-Lösung zur Bearbeitung eines mittleren Datenvolumens konzipiert worden. Es ist deshalb vor allem für den Einsatz bei kleinen und mittleren Werkzeugmaschinenherstellern und -anwendern geeignet. Der Funktionsumfang des Programmsystems ist beschränkt auf die Stördatenerfassung (mit manueller Dateneingabe) sowie auf die gezielte und aktuelle Informationswiedergabe in Form von chronologischen Auflistungen und Statistiken (Stördaten- und Schwachstellenanalyse). Als Hardware ist ein IBM-PC (XT/AT) oder ein IBM-kompatibler PC mit dem Betriebssystem MS-DOS erforderlich.

Fehlerbaumsystem

Das Fehlerbaumsystem ist zur Bearbeitung eines großen Datenvolumens konzipiert worden. Deshalb wurde eine mittlere Systemkonfiguration (ein VAX-Rechner von Digital Equipment mit dem Betriebssystem VMS) als Hardware gewählt. Der Funktionsumfang des Programmsystems in der derzeitigen Ausbaustufe umfaßt die Stördatenerfassung (mit manueller Dateneingabe), die gezielte und aktuelle Informationswiedergabe in Form von chronologischen Auflistungen und Statistiken (Stördaten- und Schwachstellenanalyse) sowie die Unterstützung der Instandhaltung beim Verwalten von Arbeitsplänen und beim Erstellen von Arbeitspapieren, also bei Tätigkeiten mit hohem Wiederholungsgrad. Der bisher realisierte Leistungsumfang des Fehlerbaumsystems kann sowohl als Basis für ein Diagnosemodul auf Zellenrechnerebene als auch als Basis für ein System zur Instandhaltungsplanung und -steuerung (IPS) verwendet werden. Dieses Programmpaket ist deshalb in erster Linie für Anwenderfirmen konzipiert worden, die die Einführung einer EDV-geeigneten und -orientierten Infrastruktur ihrer Produktion anstreben.

6.8 Schließen von Informationslücken durch Programmsysteme zur Stördatenerfassung und -auswertung

Die Verkürzung der technischen Stillstandszeiten und die Verlängerung der mittleren störungsfreien Betriebsdauern, was gleichbedeutend ist mit einer Steigerung der Maschinennutzung, ist eine Hauptaufgabe der Instandhaltung und des Kundendienstes. Aus diesem Grund müssen die Instandhaltungs- und Kundendienstabteilungen effektiver werden. Ein Hilfsmittel dazu können benutzergerechte EDV-Systeme sein, die aufgrund ihrer flexiblen Konzeption an unternehmensspezifische Bedürfnisse leicht angepaßt werden können. Informationen über Schwachstellen, umständliche Austauschbarkeit von Baugruppen und -elementen u.ä. stellen wertvolle Hinweise für die Werkzeugmaschinenhersteller und -anwender dar. Der Berücksichtigung dieser Informationen in der Konstruktion der Werkzeugmaschinenhersteller steht in der Praxis häufig der mangelnde Informationsaustausch von Konstrukteuren und Instandhaltern entgegen. Die Schließung solcher Informationslücken kann ebenfalls mit einer EDV-gestützten Stördatenerfassung und -auswertung erreicht werden. Beim Verkauf einer Maschine könnte der Strukturbaum oder der Fehlerbaum vom Werkzeugmaschinenhersteller gleich mitgeliefert werden.

7 Zusammenfassung und Ausblick

In dieser Arbeit wurden Ansatzpunkte für die flexible Automatisierung mit verbesserter Verfügbarkeit aufgezeigt.

Es wurde festgestellt, daß Berechnungsgrundlagen und mathematische Modelle, mit deren Hilfe sich die Verfügbarkeit von Fertigungssystemen mit einfachen Mitteln abschätzen läßt, eine Voraussetzung für die Projektierung von flexiblen Fertigungsanlagen mit verbesserter Verfügbarkeit sind. Zur Entwicklung dieser Modelle wurde zunächst die Verfügbarkeit einer logischen Serienschaltung aus den das Verhalten der Einzelkomponenten kennzeichnenden Parametern am Beispiel einer Serienschaltung aus zwei Komponenten abgeleitet. Daraus ergaben sich Sonderfälle, die sich auf eine Serienschaltung aus beliebig vielen Komponenten verallgemeinern ließen. Insbesondere zwei Sonderfälle waren zur Abschätzung der Verfügbarkeit von logischen Serienschaltungen brauchbar, da sie Grenzwerte (untere und obere Schranken) für die Verfügbarkeit von Fertigungsanlagen ergaben, zwischen denen sich alle anderen Werte bewegten. Die Verfügbarkeit der Parallelschaltung zweier Komponenten wurde abgeleitet und für Fertigungsanlagen mit Zwischenlagern wurde ein Verfahren entwickelt, mit dessen Hilfe die Verfügbarkeit eines Fertigungssystems mit beliebiger Anzahl von Stationen und Zwischenlagern berechnet werden kann. Für praktische Verfügbarkeitsberechnungen (z.B. im Rahmen von Garantievereinbarungen zwischen Anwendern und Herstellern) wurden zeitbezogene Kenngrößen gebildet, die Mittelwerte aus den Ergebnissen des abgelaufenen Betriebes darstellen.

Außerdem wurde eine breitgestreute Informationsbasis angelegt, aus der die Ausfallursachen von flexiblen Fertigungsmitteln und ihre statistische Verteilung sowie die Funktionszusammenhänge zwischen der Verfügbarkeit und äußeren Einflüssen abgeleitet werden konnten. Die Ergebnisse lassen erkennen, daß das Nutzungsverhalten von Fertigungsmitteln von unterschiedlichen Faktoren beeinflußt wird. Deshalb ist eine Erhöhung der Anlagennutzung nur durch ein ganzheitliches Konzept erreichbar. Dieses muß in erster Linie eine engere Zusammenarbeit zwischen Werkzeugmaschinenherstellern und -anwendern zum Ziel haben (Bild 84).

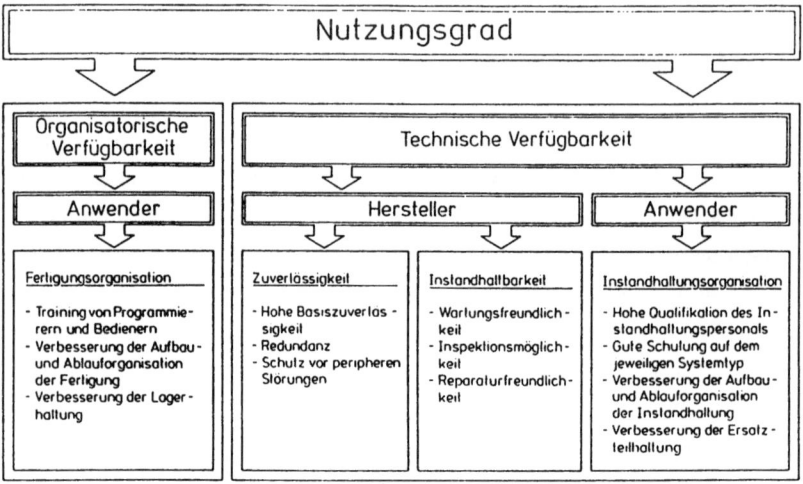

Bild 84: Einflußfaktoren auf den Nutzungsgrad

Der Hersteller kann durch hohe Basiszuverlässigkeit und sinnvollen Systementwurf wesentlich zur Erhöhung der mittleren störungsfreien Betriebsdauer beitragen. Von besonderer Bedeutung sind auch Überwachungseinrichtungen zur Vermeidung von Kollisionen. Teilweise geht die technische Entwicklung bereits in diese Richtung. In /52/ wird ein Kollisionsschutzsystem für CNC-Drehmaschinen mit zwei NC-Achsen beschrieben, das auf 4-Achsen-Drehmaschinen erweitert wird. Zur Bewältigung der hohen Komplexität in flexiblen Fertigungssystemen und zur Steigerung der Verfügbarkeit durch Entkopplung wird in /53/ eine natürliche Strukturierung in Einmaschinenzellen vorgeschlagen. Der Anwender bestimmt durch die Qualifikation seines Bedien- und Instandhaltungspersonals und durch eine gute Organisation der Instandhaltung und Ersatzteilhaltung wesentlich die mittlere Stillstandsdauer. Fehlerdiagnose und Systemeigenschaften wie modularer Aufbau und schnelle Austauschbarkeit unterstützen ihn. Wichtig ist auch die Optimierung der Klimatechnik, und zwar von Seiten der Anwender und Hersteller /5/. Die Optimierung der Klimatechnik durch Überwachung und Regelung von Umgebungsparametern (Feuchtigkeit, Temperatur) ist bei elektronischen Bauelementen besonders vorteilhaft, da sie sehr empfindlich auf die Veränderung von Umgebungsparametern reagieren. Der Fertigungsprozeß kann nur durch eine Zusammenarbeit zwischen Werkzeugmaschinenanwender, Werkstofflieferant, Werkzeughersteller und Maschinenhersteller optimiert werden. Der Maschinenhersteller kann durch Überwachungseinrichtungen, die eine prozeßbegleitende Erkennung von Werkzeugverschleiß und Werkzeugbruch ermöglichen, zu einer Reduzierung der häufig auftretenden fertigungsprozeßbedingten Störungen beitragen. Die durch zusätzliche Überwachungseinrichtungen auftretenden Anlagenstörungen können in Kauf genommen werden, da sie den Betrieb von flexibel automatisierten Fertigungsmitteln in personalarmen Schichten nicht so häufig unterbrechen als fertigungsprozeßbedingte Störungen. Die organisatorischen Stillstandszeiten können durch eine optimierte Fertigungsorganisation gesenkt werden.

Die Untersuchungsergebnisse aus der industriellen Praxis haben gezeigt, daß es notwendig ist, sich ein Informationssystem zur Stördatenerfassung und -auswertung zu beschaffen. Deshalb wurden zwei Programmsysteme zur Stördatenerfassung und -auswertung entwickelt, die aufgrund ihrer flexiblen Konzeption an unternehmensspezifische Bedürfnisse leicht angepaßt werden können. Mit Hilfe dieser Programmsysteme können instandhaltungsrelevante Daten komplett erfaßt, sinnvoll verdichtet und ausgewertet werden. Dadurch wird der Übergang von ungeplanter zu geplanter Instandhaltung gefördert.

Zusammenfassend kann gesagt werden, daß mit zunehmender flexibler Automatisierung der Kapitaleinsatz für Fertigungseinrichtungen weiter steigen wird. Dies fordert sowohl von den Werkzeugmaschinenherstellern als auch von den Werkzeugmaschinenanwendern einen gezielten Einsatz von verfügbarkeitserhöhenden Maßnahmen um eine hohe Nutzung dieser Fertigungseinrichtungen zu gewährleisten.

Bei den Werkzeugmaschinenherstellern ist die Ausarbeitung von Werkzeugmaschinenkonzepten mit erhöhter Zuverlässigkeit erforderlich. Zur Bewältigung dieser Aufgabe müssen den Konstruktionsabteilungen der Werkzeugmaschinenhersteller geeignete Hilfsmittel wie beispielsweise Expertensysteme für die Konstruktion zur

Verfügung gestellt werden. Die Ergebnisse dieser Arbeit können dabei als Basis für Strukturierungsrichtlinien für flexible Fertigungssysteme verwendet werden. Diese Strukturierungsrichtlinien können sowohl bei einer Einzelmaschine als auch bei einem flexiblen Fertigungssystem in Fakten und Regeln gefaßt werden und dienen damit als Grundlage für ein Expertensystem für die Konstruktion. Außerdem können diese Strukturierungsrichtlinien als Basis für experimentelle Untersuchungen im Sinne einer Verfügbarkeitsoptimierung von schon bestehenden CNC-Drehautomaten und -Bearbeitungszentren verwendet werden.

Bei den Werkzeugmaschinenanwendern ist eine Verbesserung der Instandhaltungsorganisation erforderlich. Zur Bewältigung dieser Aufgabe müssen Systeme zur Instandhaltungsplanung und -steuerung (IPS) konzipiert werden. Außerdem müssen umfassende Diagnosesysteme eingesetzt werden, die wesentlich zur Erhöhung der Instandhaltbarkeit beitragen. Hierzu sind auch Konzepte zu erarbeiten, inwieweit Expertensysteme für Diagnoseaufgaben verwendet werden können.

8 Schrifttum

/1/ Milberg, J.
Entwicklungstendenzen in der automatisierten Produktion
Technische Rundschau 77 (1985) 37, S. 42 bis 48

/2/ Junghans, W.
Fertigen kleinerer Serien auf flexiblen Produktionsmitteln sichert Leistungsfähigkeit
Maschinenmarkt 89 (1983) 33, S. 698 bis 701

/3/ Schneck, P.
Wirtschaftliche Teilefertigung durch hohe Flexibilität
wt-Z. ind. Fertig. 73 (1983) 12, S. 743 bis 747

/4/ Liebe, B.
Strategische Aspekte bei der Einführung neuer Produktionstechnologien
VDI-Z 125 (1983) 1/2, S. 5 bis 8

/5/ Milberg, J., Reithofer, N.
Einflüsse auf die Nutzungsdauer von Maschinen
Industrieanzeiger 108 (1986) 46, S. 58 bis 63

/6/ Bitter, D., Groß, H., Hillebrand, H.
Technische Zuverlässigkeit
Hrsg.: MBB GmbH
Springer Verlag, Berlin, 1977

/7/ DGQ 33
Zuverlässigkeit - Einführung in die Planung und Analyse
Hrsg.: Deutsche Gesellschaft für Qualität
Beuth Verlag, Berlin, 1978

/8/ DIN 40041
Zuverlässigkeit elektrischer Bauelemente – Begriffe
Beuth Verlag, Berlin

/9/ DIN 40042
Zuverlässigkeit elektrischer Anlagen, Geräte und Systeme – Begriffe
Beuth Verlag, Berlin

/10/ Dal Cin, M.
Fehlertolerante Systeme
Teubner Verlag, Stuttgart, 1979

/11/ Gericke, E.
Verfügbarkeitsberechnungen für komplexe Fertigungseinrichtungen
Springer Verlag, Berlin, 1981

/12/ Gaede, K.
Zuverlässigkeit – Mathematische Modelle
Carl Hanser Verlag, München, 1977

/13/ Fischer, F., Haußmann, W.
Methoden zur Verfügbarkeitsplanung für Prozeßstrukturen
mit Zwischenlagern
VDI-Bericht 395, 1981

/14/ Heinhold, J., Gaede, K.
Ingenieur-Statistik
R. Oldenburg Verlag, München, 1972

/15/ Streifinger, E.
Beitrag zur Sicherung der Zuverlässigkeit und Verfügbarkeit moderner Fertigungsmittel unter besonderer Berücksichtigung von Kollisionen im Arbeitsraum
Diss., München, 1983

/16/ Barlow, R., Proschan, F.
Statistische Theorie der Zuverlässigkeit
Verlag Harri Deutsch, Frankfurt, 1978

/17/ Davis, D.
An Analysis Of Some Failure Data
Journal of American Statistical Association 47 (1952) S. 113

/18/ DIN 31051
Instandhaltung - Begriffe und Maßnahmen
Beuth Verlag, Berlin

/19/ Bahke, E.
Zuverlässigkeit, Verfügbarkeit und Betriebssicherheit
Der Konstrukteur (1986) 3, S. 73 bis 91

/20/ Redeker, G., Janisch, H.
Verfügbarkeitsberechnung bei starr verketteten Fertigungssystemen
ZWF 76 (1981) 9, S. 452 bis 458

/21/ Koslow, B., Uschankow, I.
Handbuch zur Berechnung der Zuverlässigkeit für Ingenieure
Carl Hanser Verlag, München, 1979

/22/ VDI 4004

Verfügbarkeitskenngrößen

VDI-Ausschuß Technische Zuverlässigkeit, 1982

/23/ Janisch, H.

Optimierung der Puffer in elastisch verketteten Fertigungssystemen

Diss., Hannover, 1979

/24/ Honrath, K., Schmidt, J.

Flexibles Fertigungssystem - Baustein der automatisierten Produktion

Vortrag auf dem FTK, Stuttgart, 1985

/25/ REFA

Methodenlehre des Arbeitsstudiums

Teil 2: Datenermittlung

Carl Hanser Verlag, München, 1978

/26/ VDI 3423

Auslastungsnachweis und Ausfallstatistik

VDI-Gesellschaft Produktionstechnik, 1978

/27/ Dreger, W.

Vereinbarungen zur Verfügbarkeit als Teil der Leistungsangaben eines Systems

QZ 20 (1975) 2, S. 35 bis 39

/28/ Reithofer, N.

Einfluß von Kleinstörungen auf den Fertigungsablauf

Industrieanzeiger 108 (1986) 70, S.34 u. 35

/29/ Althoff, U.
Mehr Elektronik, mehr Aufwand ?
VDI-Nachrichten (1984) 44

/30/ Pöppel, J.
Instandhaltung - Eine Managementaufgabe ?
VDI-Bericht 474, 1982

/31/ Becker, G.
Ausfallzeiten an NC-Maschinen
Werkstatt und Betrieb 111 (1978) 12, S. 797 bis 802

/32/ Weck, M.
Maschinendiagnose in der automatisierten Fertigung
Schweizer Maschinenmarkt (1982) 19, S. 59 bis 69

/33/ Müller, A.
Der Einsatz betriebssicherer Maschinenelemente - Eine Grundvoraussetzung für weitergehende Automatisierung
VDI-Gesellschaft Produktionstechnik, 1985

/34/ Giesebrecht, U.
Zuverlässigkeit elektronischer Bauelemente
wt-Z. ind. Fertig. 74 (1984) 1, S. 31 bis 34

/35/ Inaba, S.
Numerische Steuerungen - Gestern, Heute und Morgen
Werkstatt und Betrieb 114 (1981) 9, S. 593 bis 599

/36/ Frei, F.
Planen vorbeugender Wartung bei CNC-Werkzeugmaschinen
Maschinenmarkt 87 (1981) 102/103, S.2194 bis 2197

/37/ Handke, G.
Organisatorische Maßnahmen für das Verringern der Maschinenausfallzeiten
Maschinenmarkt 89 (1983) 49, S.1139 bis 1141

/38/ Keller, A., Kamath, A.
Reliability Analysis Of CNC Machine Tools
Reliability Engineering 3 (1982), S. 449 bis 473

/39/ Krupp, A. D.
Instandhaltungsorientierte Wirkungsanalyse von numerisch gesteuerten Fertigungssystemen
Fortschrittsberichte der VDI-Zeitschriften, Düsseldorf, 1983

/40/ Wiendahl, H.-P., Ziersch, W.-D.
Untersuchung des Störverhaltens automatischer, verketteter Montageanlagen
wt-Z. ind. Fertig. 72 (1982) 5, S. 275 bis 279

/41/ Warnecke, H., J.
Instandhaltung
Verlag TÜV Rheinland, Köln, 1981

/42/ Seiler, D., Wiederhold, M.
Effiziente Instandhaltung durch EDV-Einsatz
VDI-Z 126 (1984) 7, S. 208 bis 212

/43/ Poestges, A.
Instandhaltung hält CIM am Laufen
VDI-Nachrichten (1986) 30

/44/ Mewes, R.
Informationsbedarf und Informationssysteme in der Instandhaltung
wt-Z. ind. Fertig. (1984) 74, S.615 bis 618

/45/ Giesebrecht, U.
Erfahrungen mit EDV in der Instandhaltung
VDI-Bericht 380, 1980

/46/ Giesler, H.
Instandsetzung - Schadenserfassung und -auswertung
VDI-Bericht 380, 1980

/47/ DIN 31053
Informationssystem für die Instandhaltung (Normvorschlag)
Beuth Verlag, Berlin

/48/ Meier, H.-J.
EDV-gestützte Instandhaltung
Betriebstechnik 28 (1987) 4, S.65 bis 70

/49/ N.N.
Deutsche Risikostudie - Kernkraftwerke
Fachband 2: Zuverlässigkeitsanalyse
Verlag TÜV Rheinland, Köln, 1981

/50/ N.N.
Fault Tree Handbook
U.S. Nuclear Regulatory Commision
Washington, 1981

/51/ Wirth, N.
Algorithmen und Datenstrukturen
Teubner Verlag, Stuttgart, 1983

/52/ Pilland, U.
Echtzeit-Kollisionsschutz an NC-Maschinen
Diss., München, 1986

/53/ Milberg, J., Groha, A.
Der Zellengedanke als Strukturierungsprinzip im Informations- und Materialfluß flexibler Fertigungssysteme
ZWF 81 (1986) 12, S. 682 bis 687

MIX
Papier aus verantwortungsvollen Quellen
Paper from responsible sources
FSC® C105338

If you have any concerns about our products,
you can contact us on
ProductSafety@springernature.com

In case Publisher is established outside the EU,
the EU authorized representative is:
**Springer Nature Customer Service Center GmbH
Europaplatz 3, 69115 Heidelberg, Germany**

Printed by Libri Plureos GmbH
in Hamburg, Germany